海南省自然科学基金资助项目（417037）

热带海岛地区
海陆风环境污染效应及应用

◎唐晓兰　著

中国农业科学技术出版社

图书在版编目（CIP）数据

热带海岛地区海陆风环境污染效应及应用 / 唐晓兰著 .—北京：中国农业科学技术出版社，2020. 12

ISBN 978-7-5116-4676-7

Ⅰ. ①热… Ⅱ. ①唐… Ⅲ. ①环境污染-污染防治-研究-海南 Ⅳ. ①X508. 266

中国版本图书馆 CIP 数据核字（2020）第 059101 号

责任编辑 贺可香
责任校对 贾海霞

出 版 者 中国农业科学技术出版社
北京市中关村南大街 12 号 邮编：100081
电 话 (010)82106638(编辑室) (010)82109702(发行部)
(010)82109709(读者服务部)
传 真 (010)82106650
网 址 http://www.castp.cn
经 销 者 各地新华书店
印 刷 者 北京建宏印刷有限公司
开 本 850mm×1 168mm 1/32
印 张 5. 75
字 数 185 千字
版 次 2020 年 12 月第 1 版 2020 年 12 月第 1 次印刷
定 价 38. 00 元

前　言

大气污染物浓度与污染源和气象条件密切相关。海南岛大气环境不仅受到大尺度天气型影响，也受到由于海陆面受热不均匀所产生的海陆风的影响。通过研究热带中尺度海岛地区大气环境质量的变化特征，诊断分析大气环境污染过程形成原因和机理；基于热带海岛污染气象特征识别大气污染敏感源区域，确定源区域与典型城市的敏感系数，建立多源多污染物优化控制模型，优化主导产业布局，将产业发展的环境影响降低到最低程度，同时具有最佳经济环境效益。研究结果对于海南省在发展国际旅游岛的背景下，经济的合理快速发展具有极其重要的现实意义。

采用天气分析原理和方法，分析海南岛主要的热带天气系统、天气现象的分布特征和相互的关系。研究结果表明，影响海口市大气环境质量的主要天气型为大陆冷高压、热带气旋、低压槽。热带地区大型高压脊天气系统及控制下的海口市地方性流场汇聚是造成地区大气污染物积累及峰值形成的主要原因；印缅低压槽及其偏南风、明显降水有利于污染物的清除。根据海南岛自动气象站逐时气象资料，建立热带海岛海陆风识别标准，统计海陆风气候特征及时空分布规律。研究结果表明，海岛海陆风日从北向南海陆风日逐渐增加。海口、澄迈、临高和东方地区海风辐合发生频率较高；海岛北部内陆地区可形成明显的东北—西南走向海风汇聚带。

采用 CAMx-PAST 数值模拟源解析方法，研究海南省各个区域分电力源、工业源、交通源、居民源、农业源、无组织扬尘 6 类污染源单位排放量对海南省海口市、琼海市、三亚市、东方市和五指山市 5 个典型城市环境空气质量的影响，研究筛选单位污染物排放量（1 万 t）对区域平均浓度贡献大的敏感源区域。海南省污染源区域敏感性排序从高往低为海口地区、东部地区、西北地区、中部地区、南部地区和西南地区。基于海南省各功能区现状与区域敏感源筛选研究结果，提出对目前工业功能区划的调整方案。也对周边区域大气污染源对海南环境空气质量影响进行研究，周边区域大气污染源在旱季（1 月）海南省细颗粒物贡献率在 50%左右，雨季（7 月）贡献率为 30%左右。根据敏感源识别结果，基于 CAMx-PAST 敏感系数，建立海南省 6 个典型区域 4 类源的多污染物协同控制最大允许排放量优化模型。

著　者

2020 年 1 月

目　录

第一章　绪　论

第一节　研究背景

大气污染已成为直接影响人民生活质量和健康安全，制约我国社会经济进一步发展的重大瓶颈因素。近年来，我国大气污染防治工作取得了很大的成效，但大气环境面临的形势仍然非常严峻。目前，我国的大气污染已经从煤烟型污染演变为区域性的复合污染。大气复合污染在现象上表现为大气氧化性物种和细颗粒物浓度增高、大气能见度显著下降和环境恶化趋势向整个区域蔓延；在污染本质上表现为物种之间的交互作用及互为源汇，物种在大气中转化的多种过程的耦合。大气污染物由目前的常规污染物（SO_2、NO_2和PM_{10}）转变成细颗粒物污染（$PM_{2.5}$）以及以氧化性为代表的光化学烟雾。这一新型的污染对目前的大气污染控制提出了挑战。大气污染影响区域也由局地污染源影响转变成污染物跨区域远距离输送。复合型的大气污染及影响特征决定了大气污染控制思路的转变，局地控制战略已经不能解决新型环境问题。

海南省是中国唯一的热带海岛省份，位于18°10′~20°10′N；日照时数多，年日照时数1 780~2 600h，热量丰富；气温年差较小，年平均气温高，年平均气温22.5~25.6℃；干季、雨季明显，每年 11 月至翌年 4 月为旱季，5—10 月为雨季；光、热、水资源丰富，风、旱、寒等气候灾害频繁；年降水量 1 500~2 500mm（西部沿海约 1 000 mm）。海南岛四面环海，海岸线长 1 528 km，面积 33 920 km^2；全岛以五指山、鹦哥岭为隆起核心，向外围逐级下降，由山地、丘陵、台地、平原构成环形层状地貌。

海南省独特优良的生态环境是建设国际旅游岛的保障。由于工业污染源少以及污染物扩散条件良好，海南省空气质量一直较好；在全国 74 个重点城市中，海口市 2013 年、2014 年、2015 年连续三年获得第一。2013 年以前海南省空气质量优良率为 100%，首要污染物为可吸入颗粒物。2013 年新的空气质量标准实施以后，细颗粒物和臭氧浓度的增加使海南省空气质量优良率有所下降。根据海南省国民经济和社会发展统计公报，2013 年城市（镇）环境空气质量总体优良。全年城镇环境空气质量优良天数比例为 99.0%，其中 77% 监测日空气质量为优，部分城市（镇）的个别监测日主要受颗粒物影响，空气质量出现轻度或中度污染。2014 年城镇环境空气质量优良天数比例为 98.9%，部分市县的局部时段出现轻度污染或中度污染，主要污染物为臭氧和细颗粒物。2015 年全省空气质量优良天数比例为 97.9%，其中优级天数比例为 73.5%、良级天数比例为 24.4%，轻度污染天数比例为 2.0%，中度污染天数比例为 0.1%。轻度污染和中度污染主要污染物为臭氧，其次为细颗粒物。2013—2015 年全省 SO_2、NO_2 和 PM_{10} 年均浓度总体符合国家一级标准；所有监测城市（镇）的环境空气质量均达到或优于居住区空气质量要求的国家二级标准。但是 2013—2015 年海南省全年城镇环境空气质量优良天数比例呈下降趋势，优级天数比例下降趋势更明显。随着经济发展和城镇建设以及人们生活方式的改变，海南省大气污染物的成分也发生较大的改变，研究新型污染物对环境空气质量的影响才有利于更好地保护人们的生活环境和身体健康。

第二节　国内外研究现状

一、大气环境污染过程与天气型

近年来随着大气污染控制研究的深入，对于污染区域特征认识的不断加深，人们开始认识到区域污染的存在及其严重性。我国酸沉降的研究从最初的西南地区到华南地区扩展的过程中，研究成果揭示出长距离输送和化学转化的重要性，一些地域的光化学烟雾和细粒子污染的研究也体现了这些问题显著的区域性特征，据此提出的“区域性复合大气污染”不仅成为我国特色的严重环境问题，也是世界大气科学领域的研究前沿。区域气象特征和区域污染输送与环境污染过程之间存在十分密切的联系。

大气污染呈现区域性特征，污染物通过输送通道系统进行汇聚，然后通过输送汇造成大范围环境污染。任阵海等采用大气环境监测资料证明我国大气环境质量呈现大区域特征，华北、东北和西北的部分地区以及长江中下游地区是我国两个大污染区域。陈朝晖等对 10 个城市 2002—2006 年秋冬季节 API（Air Pollution Index，API）演变序列进行分析，发现 10 个重污染城市环境质量变化过程呈现同步演变趋势。任阵海等还通过研究发现大气边界层不仅受地面的影响，也受不同尺度大气系统的直接影响，根据激光雷达和地面同步的粒子观测数据进行情景分析，提出地区尺度主导风环境场中的静风汇和输送汇的城市尺度摆动是影响污染物浓度分布的主要原因。苏福庆等讨论了北京大气环境的区域性特征，利用网络点集确定出大气输送通道，提出了汇聚带概念，同时分析了北京地区大气污染特征。由于特殊的地理和气候特征，北京易受来自周边省市的区域污染输送影响，来自周边省市的大量颗粒物排放已经成为北京市 PM_{10}污染的一个重要“贡献”。在特殊天气型的控制下，输送系统携带的污染物受大范围同步加强源的补充，向北京集中汇聚，太行山前易形成大范围高浓度的污染边界层；输送通道系统形成污染物的聚汇，是造成重污染的主要过程，输送汇的形成又与天气型的演变密切相关。

大气污染物的时空分布和扩散规律与气象条件密切相关。不同气象条件下，污染物的输送、扩散规律是不相同的。在污染源一定的情况下，污染的程度取决于气象要素、中小尺度系统、大尺度天气型。天气型包含了许多气象因素，并且天气形势影响着气象要素和中小尺度系统，因此天气型代表大气条件的整体情况，能更好地确定大气污染和气象条件的关系。天气形势是与空气污染密切相关的环流背景和气象场，持续性的不利于污染物扩散的天气形势是区域污染物累积最终导致污染的主要原因。基于天气气候学途径的气团分类法和天气分型法在国内外大气环境领域，特别是气候和大气污染等应用气象领域已得到广泛的应用。

陈朝晖等研究表明，环境污染过程与边界层气压系统演变规律有同步相关关系，环境污染存在各类天气型逐次相继累积过程；中纬度地区污染物质量浓度与天气形势演变有较好的相应关系，污染物质量浓度峰值是逐步累积形成的。陈朝晖等采用天气型演变规律对华北地区的重污染过程进行了诊断分析，污染物浓度值上升阶段、峰值阶段、下降阶段对应的天气形势分别为持续数日的大陆高压均压场、随后出现的低压均压区以及冷锋后的高气压梯度场，其中持续存在的大陆高压场是造成重污染浓度累积的主要背景场。尉鹏等研究表明 2014 年 10 月 5—13 日中国东部地区大气重污染过程与天气形势明显相关。海南省整体空气质量良好，研究海南省季节性短时间空气污染与天气型的关系，对于热带海岛地区大气污染扩散理论研究以及环境空气质量保护具有重要意义。

二、大气环境污染过程与海陆风

海陆风是海陆交界处的一种中尺度天气系统，它是由下垫面加热不均匀而产生的大气次级环流，是沿海地区特有的天气系统，对局地天气和气候有重要影响，是重要的气候资源。海陆风环流的发生发展影响温度场、湿度场和风场的分布，引起低层大气层结状况的变化，与沿海地区的空气污染及积云对流系统有密切的关系。海陆分布的非理想化和陆地热力性质的非均匀性使得其结构异常复杂，海陆热力差异会使风速在空间和时间上有很大变化。海陆风在海岸带普遍存在，但是由于盛行的天气系统以及所处纬度、海岸线形状和走向、地貌不相同，其频率、强度、持续时间、伸展范围差别很大，且同一地区的海陆风环流也存在明显的季节差异。海陆风在热带地区比在中高纬度地区出现的频率更高，且更有规律。目前海陆风的应用研究主要为沿海城市气象预报和边界层大气环境监测，包括城市边界层气象特征、城市天气预报、大气污染时空分布特征、污染源区分析、污染预警及治理等方面。

（一）海陆风观测与数值模拟

国内外学者对海陆风环流的研究主要通过观测研究、理论研究和数值模拟研究三种方法进行。随着科技的发展，风廓线仪观测、探空气球或系留气艇和气象探测飞机等各种航空器的观测、声雷达或多普勒雷达等遥感探测，以及卫星浮标跟踪等多种形式开始广泛用于海陆风的观测。国内学者对渤海湾西岸、海南岛、珠江口、宁波地区、辽东湾西岸、大连湾、福建沿海地区、台湾海峡以及南沙地区的海陆风时空演变进行了观测分析。在理论研究方面，计算机计算的发展使海陆风的理论研究从线性理论研究转向非线性理论研究，同时数值模拟广泛应用于海陆风的研究。

王婷等研究了粤东地区的海陆风过程，康凌等研究了福建漳州地区的海陆风过程，2001 年 Liu H 等研究了香港地区的海陆风过程，盛春岩等研究了一次冷锋过境后的海风三维结构。张振州等采用 WRF 模式对海南岛海陆风环流进行了数值模拟。

海陆风的应用研究主要体现在风能的利用、海陆风与降水、雷暴等灾害性天气的相关性领域。李赫等对中国毗邻海域海上风能资源进行了研究，东高红等研究了城市热岛与海风锋叠加作用对一次距地强降水的影响以及海风锋在渤海西岸局地暴雨过程中的作用。易笑园等研究了海风辐合线对雷暴系统触发、合并的动热力过程，卢焕珍等研究了海风峰与雷暴生成和加强规律。

数值模拟中目前应用广泛、使用较方便且被普遍接受的数值模式有：第五代中尺度模式 MM5（Mesoscale Model5）、中尺度模式 WRF（Weather Research and Forecasting Model）、区域大气模拟系统（Regional Atmospheric Modeling System，RAMS）和非静力平衡三维动力学气象模式（Advanced Regional Prediction System，ARPS）。其中 WRF 模型应用广泛，WRF 模式是由美国国家自然科学基金和国家海洋大气局（National Oceanic and Atmospheric Administration，NOAA）、美国国家环境预报中心（National Centers for Environmental Prediction，NCEP）、美国国家大气研究中心（National Center for Atmospheric Research，NCAR）等联合开发的新一代中尺度数值预报模式和同化系统，模式具有良好的计算架构及全面的物理参数化方案，同时它也是今后用来替代第三代空气质量预报与评估系统（Third-Generation Air Quality Modeling System，Models-3）中 MM5 的气象预报模式。国内外学者为提高 WRF 模型模拟效果，对 WRF 模型的敏感性进行了研究，但是目前 WRF 模型的敏感性研究主要集中在跟风场相关的降水研究。模型水平分辨率、模拟时间和嵌套层数的选择对模拟效果具有一定影响，不同研究对象应有相应合理参数。Li L 研究表明，夏季暴雨模拟中积云方案的选择比单纯提高模拟分辨率有效，3km 分辨率的模拟效果与 15km 分辨率的模拟效果比较，前者并没有明显的优势。Bao J. W 研究表明，WRF 模型对于地面风的模拟效果不仅受到地表条件以及大气边界层物理方案的影响，还受到高空风场的影响。Challa V S 研究表明，Yonsei University（YSU）边界层方案比 Mellor-Yamada-Hanjic（MYH）物理方案对于海陆风内部边界层特性的模拟以及变量整体性能的模拟效果要好。Varquez A C 采用新的空气动力学参数构建的城市地表粗糙度作为 WRF 模型地表边界条件，对地面风速模拟改善效果较好。路屹雄采用中尺度模式 WRF 对广东海陵岛地区进行了模拟，WRF 模式能够较好地再现该地区环流系统的时间变化特征；但是在地形起伏的小范围内（东西约 25km，南北约 18km），1 km 分辨率 WRF 模拟风场分布趋于均匀。王春明研究表明，对于不同级别的降水，存在着不同的最优模式水平分辨率；并且模式选择的分辨率跟地形有关。邓莲堂等研究表明，高层风场模拟效果较好，低层风场的风速模拟随时间有波动，各分辨率在低空短期模拟效果影响不大，长时间模拟分辨率越高效果越差。辛渝等研究表明，单纯依赖中尺度模式水平分辨率的提高来提高模式的模拟能力极其有限，对于地形复杂区域，提高中尺度模式的水平分辨率，反而会使偏差增大；单纯靠提高中尺度模式分辨率并不一定能减小模拟偏差。热带海岛风场数值模拟敏感性研究较少，研究适合热带海岛风场模拟的参数集，有利于提高热带海岛风场模拟效果。

（二）海陆风环境污染效应

空气污染物的扩散与空间的水平和垂直风场及温度场的结构有关，而海陆风的特殊风场和温度场，决定了污染物扩散的特殊性。海陆风的垂直环流、海陆风转换时的风速变化、东风风速辐合以及垂直风速变化，都有可能导致某个地区污染物积累而造成污染。海陆风对于污染物的传输和扩散起着积极作用，从而影响该地区空气质量。庄延娟等研究表明城区污染物输送、海陆风的影响和大气化学反应亦是新垦大气中羰基化合物的重要来源，而且夜间的海风会将白天运输至海上及香港等地的污染物输送过来，造成晚上21：00过后的浓度有较大幅度上升。Pokhrel R研究表明，海陆风会把港口附近远洋船只排放的污染物输送到沿海地区。Monteiro A研究表明沿海污染物及其前体物能向内陆扩散30km。Liu等研究了香港地区大气污染过程中边界层和海陆风对污染物扩散的影响。Ding等研究了海陆风与珠江三角洲地区高臭氧（O_3）污染的关系。陈训来等研究表明在一次灰霾天气过程中，由于离岸型背景风与陆风风向一致，在陆风维持的情况下，内陆源区的PM_{10}被输送到沿海地区，导致沿海城市和海面上PM_{10}浓度比较高；而在海风维持的情况下，海风与离岸型背景风方向相反，造成海风较小，致使整个珠江三角洲地区灰霾天气都比较严重。Papanastasiou D K研究表明海风对污染物浓度影响较大，而且冬季气象因素影响程度更高。林长城等研究表明，单日海陆风现象对大气污染浓度影响不明显，连续海陆风现象则会造成PM_{10}浓度产生正增长；不同典型天气过程的海陆风对NO_2和PM_{10}浓度的影响有所差异，风速大小对PM_{10}浓度的影响明显；陆风与海风转换期间PM_{10}浓度易聚集升高。

海南岛特殊的地理位置和地形地貌决定了当地海陆风的特殊性。当海岛两侧同时出现海风时，还会出现区域性的海风汇聚带；海风辐合区有可能进一步加强污染物的汇聚导致大气环境污染。如果在海风辐合区域存在过多污染源，将导致环境污染加剧，研究海陆风污染汇和输送汇，有利于研究热带地区污染物输送扩散特征及优化产业布局，预防污染。目前海陆风观测研究主要集中在海风与陆风的转换，风速的时空变化等方面，利用加密观测资料研究海风辐合带较少，而仅通过数值模拟结果研究辐合带变化规律存在很多不确定性。海南岛海陆风结构较其他地区更加复杂，如何更准确地对热带海岛地区海陆风进行数值模拟，加强敏感性研究，明确海陆风风场结构，对有效地利用热带海岛地区海陆风资源以及研究海陆风对污染物的扩散影响具有重要意义。

三、大气源解析及敏感源区域识别

大气颗粒物来源非常复杂，不仅有人为污染源的排放，而且还有自然源的贡献；通过了解大气颗粒物的物理化学特征，不但可以定性识别和判断各类污染排放来源，而且可以定量解析各污染来源贡献的大小（负担率）。这有助于制定大气污染防治规划，也是制定环境空气质量达标规划和重污染天气应急预案的重要基础和依据；确定排放源的种类和排放源的贡献，据此有针对性地采取措施，能够科学、有效地治理污染严重的污染物及排放源；有效控制大气污染，提高空气质量。

大气颗粒物来源解析技术方法主要包括源清单法、源模型法和受体模型法。源清单法是根据颗粒物源排放清单，统计颗粒物排放总量及各区域、各行业、各类颗粒物排放量，计算重点排放区域、重点排放源对当地颗粒物排放总量的分担率。源模型法是根据选定的空气质量模型要求，模拟建立颗粒物源排放与受体之间的对应关系，获得各地区各类污染源排放对环境浓度的贡献。受体模型法是通过采集颗粒物样品，分析颗粒物化学组成，定量解析各污染源类，尤其是源强难以确定的各颗粒物开放源类的贡献值与分担率。源模型和受体模型可以联用，采用受体模型计算各源类对受体的贡献值与分担率，采用源模型模拟计算各污染源排放气态前体物的环境浓度分担率，解析二次粒子的来源。其中源清单法方法简单、易操作，可定性或半定量识别有组织污染源；但是源清单法误差大，不能描述源与受体间的非线性关系。源模型法不局限于观测点位就可以得到源解析结果的空间分布，并且可区分本地排放源和外来传输源，并能分析不同地区的分担率；扩散模型的不确定性主要在于源清单、边界层气象过程以及复杂大气化学过程。受体模型不受限于源清单和气象模拟，受体模型的不确定性主要来自采样和化学成分测量的不确定性、源成分谱的共线性（即不同排放源可能有相似的源成分谱）以及对二次来源正确判定等问题。因此源模型适用于解析重污染天气下颗粒物污染的来源，评估多污染物协同控制的环境效益。而受体模型适用于解析常态污染下颗粒物的来源，评估颗粒物污染的长期变化趋势和控制效果。

区域大气污染直接影响到环境质量、人体健康与经济发展，筛选识别单位排放污染源强对环境平均浓度贡献较大的敏感排放地区和敏感源，可为区域大气污染控制和环境管理决策提供科学依据。空气质量模型是用数学方法来模拟影响大气污染物的扩散和反应的物理和化学过程，建立污染源与环境质量之间的输入—响应关系。通过空气质量模型建立的污染源—环境质量输入响应模型，模拟结果中污染物浓度的大小可反映出污染源对环境的影响程度，从而可以筛选出对环境影响较大的区域，即大气敏感源区域。

空气质量模型广泛应用于大气源解析和敏感源识别。空气质量模型可用于测算源分担率，同时帮助制定有效地削减污染物排放的政策。例如空气质量模型可以用来预测一个新的污染源会不会达标排放，如果超标的话，给出适当的控制措施；或者预测未来新的政策法规实施后的污染物的浓度，可以估计政策法规的有效性以及减少人类和环境暴露。扩散模型和光化学模型是目前最常用的空气质量模型。

1. 扩散模型

大气污染物扩散模型根据源强和气象数据，运用数学公式描绘污染物扩散过程，模拟污染源附近接收点的污染物浓度，用以评估大气环境质量。污染物输送扩散模型基本可分为欧拉方法和拉格朗日方法两种，前者在处理污染源个数少却地形又比较复杂情况时有很大优越性，后者在处理多源多污染物时占有优势。基于最新的大气边界层和大气扩散理论，国外发展了 AERMOD、CALPUFF 和 ADMS 法规模型，这也是环境保护部颁布的《环境影响评价技术导则——大气导则》(修订版) 推荐的模式。AERMOD 和 ADMS 适用于 50km 以内的距离范围，而 CALPUFF 适用于长距离污染物运输 (50km 以上的距离范围)。而且 CALPUFF 采用非稳态三维拉格朗日烟团输送模型，烟团模式是一种比较简便灵活的扩散模式，可以处理有时空变化的恶劣气象条件和污染源参数，比高斯烟羽模式使用范围更广。CALPUFF 具有下列优势和特点：①能模拟从几十米到几百千米中等尺度范围；②能模拟一些非稳态情况 (静小风、熏烟、环流、地形和海岸效应)，也能评估二次污染颗粒浓度，而以高斯理论为基础的模式则不具备；③气象模型包括陆上和水上边界层模型，可利用小时 MM4 或 MM5 网格风场作为观测数据，或作为初始猜测风场；④采用地形动力学、坡面流参数方法对初始猜测风场分析，适合于粗糙、复杂地形条件下的模拟；⑤加入了处理针对面源 (森林火灾) 浮力抬升和扩散的功能模块。但在湍流扩散影响强烈的区域 (如城市环境)，不推荐使用 CALPUFF 模式系统。

CALPUFF 模型在污染源评估、区域源解析等方面得到广泛应用。在 CALPUFF 模型的科学研究应用方面，刘龙采用 CALPUFF 模型对工业园区规划中的大气环境风险识别进行了研究，郭燕胜采用 CALPUFF 模型对关中地区机动车 PM_(2. 5) 排放对环境空气质量的影响进行了研究；宋宇等研究了石景山区 PM_{10} 污染对北京市的影响，详细解析了石景山区各主要污染物对市区不同区域浓度的贡献；杨多兴等模拟了门头沟排放的大气颗粒物浓度的时空分布及向北京主城区的输送过程，分析了下垫面非均匀性和气象条件对输送过程的影响，以及门头沟污染物对主城区颗粒物浓度的贡献。薛文博等采用 WRF-CALMET-CALPUFF 模型建立了大气环境红线划定技术方法以及应用研究，将研究区域分为源头布局敏感区、聚集敏感区及环境受体敏感区三类；源头布局敏感区为对空气质量造成严重影响的区域，聚集敏感区为自净能力差的区域，环境受体敏感区为大气以及功能区及人口密集地区。

2. 光化学模型

光化学模型主要用在大空间的多种污染源作用下的污染物浓度及其惰性污染物和非惰性污染物的沉降。光化学模型分两类：一类是拉格朗日法，该法计算简单，但是大气物理过程描述不全面；另一类是欧拉法，欧拉法能更好地刻画大气物理化学过程。

Models-3 由美国 EPA 于 1998 年 6 月首次公布，其核心称为 Models - 3/CMAQ 模式（Community Multi - scale Air Quality（CMAQ）Modeling System）。Models-3 通过使用一套各个模块相容的大气控制方程，将各种模拟复杂大气物理、化学过程的模式系统化，不仅可用于日常的空气质量预报，而且可帮助环境工作者进行环境评估和制定环境控制决策。Models-3 由中尺度气象模式、污染源排放模式和多尺度空气质量模式三部分组成，作为 Models-3 系统的核心，CMAQ 模式可以进行局地、城市、区域和大陆等多种尺度的模拟研究，模式中加入化学物种和气象要素之间的相互作用，因此模拟的污染物种类多达 80 种，包括 VOCs、O_3、SO_2、NO_x、能见度、PM 粒子等，实现了多污染物种、多空间尺度范围、多时间尺度时效的模拟研究。Models-3 模式结构严谨，体系完整，但系统也十分灵活，可以根据研究的需要选择适合的模型并加入其模式体系，而且与应用软件的结合良好。这既适应方便科学研究的需要，也比较满足环境管理部门的应用需要。空气质量模式 CMAQ 已经发展成为国内外大气污染研究人员使用的重要数值模拟工具，在区域和城市尺度光化学烟雾、大气颗粒物污染、大气污染控制等大气污染问题的理论研究与业务预报方面得到了广泛应用。

三维网格欧拉光化学模式（Comprehensive Air Quality Model with Extension，CAMx），可模拟污染物在大气中经排放、扩散、化学反应及沉降去除等作用；其颗粒物来源识别模块（Particulate matter Source Apportionment Technology，PSAT）具有源识别、敏感性分析及过程分析等多项功能，被广泛应用于美国各项臭氧研究计划。

陈东升等采用 MM5-ARPS-CMAQ 耦合空气质量模型研究周边地区污染源对北京市空气质量的影响，通过“置零法”计算模拟结果，将模拟结果与基本情景模拟结果差值与基本情景模拟结果之比作为污染源的贡献率，进行区域敏感源识别和筛选。黄青等采用 MM5-CAMx-PSAT 耦合大气环境质量模型对北京市大气环境质量进行了来源分析研究，筛选出对北京市大气环境质量影响较大的本地行业、主要地区和主要行业—地区综合排放源。王芳等采用气流轨迹聚类理论和 CAMx 内嵌颗粒物来源识别技术（PSTA）研究大气污染的区域间输送与敏感源筛选识别，建立了区域大气敏感源识别体系，区域间敏感源识别结果可以为区域污染联防机制的建立提供科学依据。

$PM_{2.5}$是直径小于或等于 2.5μm 悬浮于空气中的固态和液态的微粒。$PM_{2.5}$在大气中停留时间长、输送距离远，而且对人体健康和大气环境质量的影响很大。目前我国有 2/3 的城市空气质量不达标，首要污染物已由 PM_{10}转化成 $PM_{2.5}$和 O_3。细颗粒物是目前关注重点，由于细颗粒物的来源复杂，包括污染源一次直接排放和经大气化学转化形成的二次细粒子，因此了解和掌握细颗粒物的污染来源，明确本地排放来源和区域输送，是解决细颗粒物污染的关键，也是制定防治政策的重要依据。因此通过空气质量模型科学快速诊断 $PM_{2.5}$及其关键组分的来源对于大气污染控制具有重要意义。安静宇等采用 CAMx 三维模型中耦合了物种示踪机制的颗粒物来源追踪方法，研究中国东部地区代表性城市上海及周边地区共 4 个源区（上海、苏南、浙北、大区域）、8 类污染源（包括燃烧源、生产工艺过程、流动源、生活面源、挥发源、扬尘源、农业源、天然源）对上海城区大气中 $PM_{2.5}$及其关键组分包括水溶性无机离子（SO_4^{2-}、NO_3^-、NH_4^+）、元素碳（EC）和有机碳（OC）的污染贡献。潘月云通过建立大气排放源清单和搭建 WRF/SMOKE-PRD/CAMX 数值模拟系统结合 PSAT 技术，分析案例城市人为源排放特征，识别 $PM_{2.5}$的主要本地排放源和区域输送特征。李锋等运用 WRF-CMAQ 模型探究灰霾天气下大气细颗粒物（$PM_{2.5}$）的时空分布特征和区域输送过程，并定量研究了外部源区域输送和本地源对长江三角洲地区 $PM_{2.5}$的贡献。李璇等采用 PSAT 技术探究北京市细颗粒物污染的区域来源，本地源排放是北京市 $PM_{2.5}$的主要来源，在重污染日，区域传输对北京市 $PM_{2.5}$的影响显著增强，是北京 $PM_{2.5}$污染的主要来源；$PM_{2.5}$中的硝酸盐主要来自北京市周边地区的贡献，而硫酸盐和二次有机气溶胶呈现远距离传输的特性，铵盐和其他组分则主要来自北京本地的贡献。杜晓惠等利用 CAMx-PSAT 分析重污染天气下分区域、分行业的污染物排放对京津冀地区 $PM_{2.5}$的贡献，设计了分行业排放的环境影响效率系数（EESCR）计算方法，并对“电能替代”（以电力行业产能替代民用能源消耗）情景方案下的排放进行模拟分析。

海南省环境空气质量数值模拟研究较少，采用 CAMx-PSAT 定量研究外来源和本地源对海南省环境空气质量的影响，确定海南省敏感源区域，对于合理划分工业发展区域具有重要意义。

四、工业优化布局

大气污染优化控制是通过制定污染源削减、污染源空间布局等大气污染控制方案，定量地模拟和预测大气环境—经济—生态耦合系统的演变规律，使得空气质量达到环境标准的同时经济代价最小；或实现在同样的控制成本下空气质量改善效果最明显、健康效益最高等一系列优化控制的目标。产业结构不仅关系着经济增长的质量，而且决定了环境污染的水平。优选产业以及优化布局，有利于从源头减少污染物的产生和对环境的影响，在产业结构优化过程中实现经济与环境的协调发展。污染源优化布局目前研究较少，主要是因为工业建成区虽然环境问题明显但是布局调整困难，而工业规划区缺乏相应理论支撑进行布局优化。传统的工业布局主要从经济角度考虑工业集聚效应，导致工业布局过于集中，从而引发环境问题。污染源优化布局最早仅仅是从气象角度考虑，将企业布置在盛行风向下风向；而目前主要通过污染物最大允许排放量优化模型来限制目标区域的污染源数量和规模进行布局优化。

区域主导产业是国民经济中生产发展速度较快并能带动一系列产业发展的部门。区域主导产业选择的研究大体可以分为理论研究和应用研究，主要包括：一是区域主导产业在区域经济中的地位和作用；二是区域主导产业选择的基准和方法；三是关于区域主导产业成长的衡量和评价。目前主导产业的布局仅从经济学角度进行考虑，没有考虑地区的环境承载能力和产业发展过程对区域的影响，不利于区域的可持续发展。产业布局不合理，容易导致污染物聚集产生累积效应，而大气污染物还会通过远距离输送影响更多的区域。循环经济是物质闭环流动型经济的简称，强调资源的减量化、再使用和再循环。根据循环经济原理选择区域主导产业，有利于优化产业结构，促进区域产业系统的转型，合理延伸产业链，形成产业集群，提高区域资源利用率，促进区域经济可持续发展。

对于集中排放的工业区和大气污染严重超标的地区，削减污染物的排放是改善环境质量的有效方法，也是目前大家的关注热点。优化技术广泛应用于对大气污染物控制方案的选择和设定，环境空气质量数值模式的应用使得污染源—环境质量响应关系在优化模型中能够定量表达。多源大气扩散模式是在线性假定下，计算污染物传递函数矩阵，用线性规划方法和整数规划方法对污染源的削减进行优化。传递函数矩阵可以通过模拟法和伴随方法获取。黄青采用 CAMx-PSAT 进行城市排放敏感源识别，并对 PM_{10}进行了减排优化控制；李莉采用 MODEL-3 研究在不同达标率情况下唐山各区县 PM_{10}达标削减量，制定合理的优化规划污染物排放控制方案。翟世贤应用 GRAPES-CUACE 模式系统气溶胶模块的伴随开发研究大气污染优化控制问题。

随着区域性大气复合污染越来越严重，$PM_{2.5}$和 O_3等二次污染物开始成为首要污染物，多污染物协同减排以及制定多污染物最大排放量成为制定区域性大气污染物控制策略的重点。汪俊基于技术优化模型，探讨了长三角地区各个部门在单一污染物减排及多污染物协同减排情景下的能源技术与污染控制技术组合方案。国际应用系统分析研究所、日本国立环境研究所和美国环保局分别开发多污染物协同控制模型，采用最优化方法对能源技术和污染控制技术进行选择，根据减排目标将各种末端处理技术进行组合使用，以寻求费用最小化。温维基于高空间分辨率 $PM_{2.5}$源解析结果、控制潜力、$PM_{2.5}$当量等内容，建立 $PM_{2.5}$—次污染物、SO_2、NO_x、VOCs 多污染物协同控制优化方法。邢佳采用排放—环境效应非线性复杂系统模拟技术，建立多目标—多污染物—多区域的大气污染协同控制决策理论与技术，探究大气污染排放与环境效应的非线性响应规律，寻找解决我国大气复合型污染问题的有效控制策略。常文韬建立 SO_2、NO_x 与 CO_2 协同减排模型，寻找出大气污染物与 CO_2 协同减排最优决策空间，从而找出影响其协同减排的关键因素，以最优路径实现区域内大气污染物与 CO_2 的协同减排。对于多污染物最大允许排放量，薛文博采用 CALPUFF 空气质量模型和第 3 代空气质量模型 WRF-CAMx 分别研究了县域范围以及全国范围 SO_2、NO_x、一次 $PM_{2.5}$ 及 NH_3 的最大允许排放量。

通过研究区域大气污染物最大允许排放量，主要是明确研究区域已有工业企业的最佳排污量及未来新增工业企业的最优布局方案。对于大气污染物允许排放量较大的区域，适合发展工业；而大气污染物允许排放量较低的地区，则应限制发展工业或者搬离相关工业；因此通过研究区域大气污染物最大允许排放量可以对工业规划进行优化布局。多污染物的协同控制可以考虑污染物之间的相互影响和二次污染物的转化，通过细颗粒物的环境控制可以细化到细颗粒物组成成分前体生成物的环境控制，从而实现多污染物协同控制。因此，多污染物的最大允许排放量计算应该同步实施。

由于海南大气污染物扩散条件较好，同时工业发展滞后，因此海南省环境空气质量较好，而大气环境问题相关研究较少。随着近年来工业发展加速，以及污染源远距离输送加强，海南省环境空气质量出现下降趋势，首要污染物为 O_3、$PM_{2.5}$ 和 PM_{10}。海南省属于热带海岛地区，光照时间长，高温高湿，一次大气污染物更容易转化成二次污染物，因此多污染物协同优化控制才有利于海南省大气环境的保护。

第三节　研究内容

一、热带海岛环境污染过程特征研究

根据天气分析原理和方法，分析海南岛主要的热带天气系统，天气现象的分布特征和相互的关系。根据海南岛自动气象站逐时气象资料，建立热带海岛海陆风识别标准，统计海陆风辐合区气候特征及时空分布规律。耦合中尺度气象模型 WRF 和空气质量模型 CALPUFF，研究海陆风环境污染效应。

二、源解析与敏感源区域识别

采用 CAMx-PSAT 数值模拟源解析方法，研究海南省周边地区以及海南省各区域大气污染源对海南环境空气质量的影响。采用 CAMx-PSAT 敏感源筛选新技术，研究海南省各个区域分电力源、工业源、交通源、居民源、农业源、无组织扬尘 6 类污染源单位排放量对海南省海口市、琼海市、三亚市、东方市和五指山市 5 个典型城市环境空气质量的影响。通过研究海南省各功能区单位污染物排放量对区域平均浓度贡献的大小，以确定各个功能区的敏感程度。依据敏感源区域识别结果并同时考虑现行的功能区划，对现在的功能区划进行调整。

三、热带海岛工业优化布局

根据敏感源识别结果，基于 CAMx-PSAT 敏感系数，建立海南省 6 个典型区域 4 类源的多污染物协同控制最大允许排放量优化模型。根据 SO_2、NO_x 和 VOCs 单位排放量与 $PM_{2.5}$一次排放物之间的当量关系，确定到 2020 年时，海南省 $PM_{2.5}$浓度维持

2015年水平以及在2015年基础上再降10%两种情况下，计算工业源SO_2、NO_x、VOCs和$PM_{2.5}$最大允许排放量以及主导产业$PM_{2.5}$最大允许排放量。结合天气系统演变规律及海陆风对大气污染物扩散的分析，根据源解析结果和区域最大允许排放量，调整主导产业布局，以预防区域大气环境污染。

本文技术路线如图1-1所示。

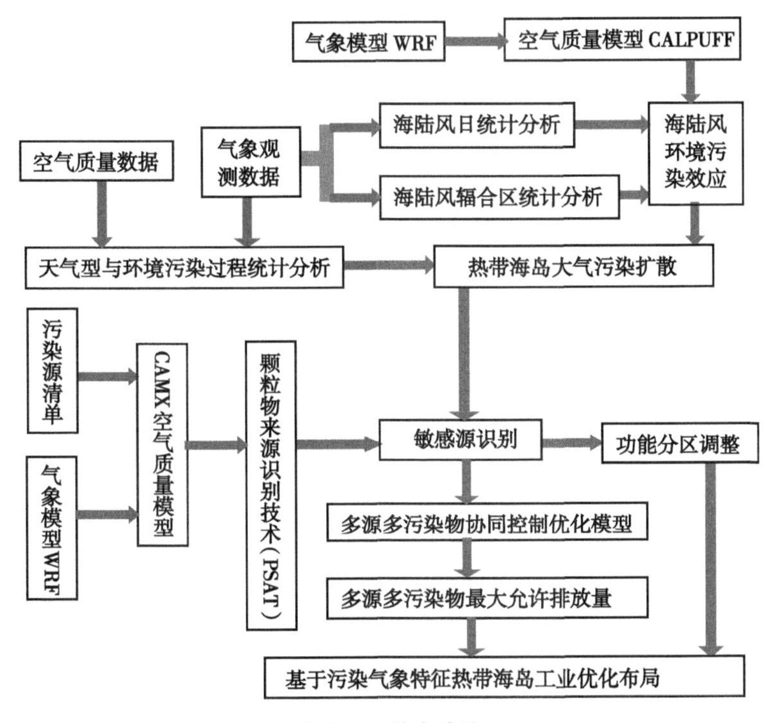

图1-1 技术路线

第四节 研究意义及创新点

大气中污染物的浓度与污染源和气象条件密切相关。大气环境具有多时间尺度、空间尺度的特征，不同尺度的天气系统相互交织和相互作用，在大气运动过程中进行演变。空气污染物浓度的谷峰变化形成的环境过程与天气系统的相继影响有较好的对应关系。海南岛大气环境不仅受到大尺度天气型影响，同时也受到由于海陆面受热不均匀所产生的海陆风的影响。海陆风的垂直环流、海陆风转换时的风速变化、东风风速辐合以及垂直风速变化，都有可能导致某个地区污染物积累而造成污染。只有明确大气环境污染过程形成原因和机理，才能采用有针对性的措施进行大气环境质量的改善和保护。海南省整体空气质量优良，但是会出现短时间污染情况，研究污染个例的产生原因对于保护海南省环境空气质量和完善热带海岛地区污染物传输理论具有重要意义。

敏感源是指单位排放污染源强对环境浓度贡献大的污染源。敏感源区域排放的大气污染物对区域环境空气质量影响较大，而非敏感区域排放的大气污染物对区域环境空气质量影响较小，因此在非敏感源区域发展工业对于区域大气防治成本较低。通过源解析和敏感源识别确定主导产业及产业群的位置是污染预防的重要手段，有利于减少产业和产业群的发展过程中对环境的影响，在发展工业的基础上保护好海南省的环境空气质量。

$PM_{2.5}$包括一次排放颗粒物，以及一次排放物发生化学反应生成的二次无机、有机颗粒物，因此$PM_{2.5}$的浓度与一次颗粒物的排放、SO_2的排放、NO_x的排放、VOCs的排放以及NH_3的排放密切相关，通过对$PM_{2.5}$浓度的控制可以同时对一次颗粒物、

SO_2、NO_x 以及 VOCs 进行允许排放量控制，从而实现多污染物协同控制。基于不同源区域各行业对多种污染物的贡献率，协同优化控制不同区域一次颗粒物、SO_2、NO_x 以及 VOCs 的最大允许排放量，优化主导产业布局，确定产业发展规模，将产业发展的环境影响降到最低程度，同时具有最佳经济环境效益，对于区域发展具有重要的理论价值以及对于海南省在发展国际旅游岛的背景下合理快速发展工业具有极其重要的现实意义。

第二章　研究方法与数据来源

本章阐述热带海岛地区大气细颗粒物污染扩散的研究方法及数据来源，包括：①采用中尺度气象模型 WRF 研究热带海岛地区风场特征；②采用空气质量模型 CALPUFF 研究海风辐合特征；③采用空气质量模型 CAMx-PSAT 研究热带海岛地区污染来源及敏感源识别。

第一节　海陆风日统计方法

海南岛处于低纬度地区，位于 108°37′~112°02′E，18°10′~20°10′N，四面环海，地形中间高耸，四周平坦；岛上横居二条山脉，北条黎母山，南条五指山，中间呈天然通道的狭谷，山地占全岛面积的 25.4%。由于海南岛地形复杂，气候特殊，海陆风发生频繁。

海陆风日是指在一日内同时符合海风和陆风规定标准的一天。于恩洪等人在多年从事海陆风的观测试验和诊断研究的基础上总结了海陆风日的确定方法：按每日 24h 的风资料，在陆风盛行阶段，陆风出现次数≥4，而海风出现次数≤2；在海风盛行阶段，海风出现次数≥4，而陆风出现次数≤2；同时 24h 地面风速应≤10m/s。海陆风盛行阶段跟所在区域有关，海南岛位于低纬度，其海陆风盛行阶段比其他地区要推后 1h，因此在海南岛陆风的盛行阶段为 3 时至 10 时，海风盛行阶段为 14 时至 21 时。

由海陆温差产生的海陆风，从海面流向陆地的风为海风，而从陆地流向海面的风为陆风，其风向跟气象站所在的海岸线走向有关。当岸线走向与 16 个方位之一相近时，很难确定海风或陆风方向，取与岸线走向一致的风向方位或邻近几个风向方位作为沿岸风，不进行海风或陆风方位统计。海南岛地形图如图 2-1 所示。海风和陆风风向划分标准如表 2-1 所示。由于海南岛四面环海，所以海风风向范围大于陆风风向范围。

图 2-1　海南省地形高度

表 2-1　海南岛各站海陆风风向划分

	海风（°）	陆风（°）	沿岸风（°）
海口（59 758）	292.5~360；0~90	135~247.5	90~135；247.5~292.5
临高（59 842）	292.5~360；0~90	135~247.5	90~135；247.5~292.5
东方（59 833）	202.5~360	45~157.5	0~45；157.5~202.5
三亚（59 948）	67.5~247.5	0~22.5；292.5~360	22.5~67.5；247.5~292.5
陵水（59 954）	67.5~225	270~360；0~22.5	22.5~67.5，225~270
万宁（59 951）	67.5~202.5	247.5~360；0~22.5	22.5~67.5；202.5~247.5
琼海（59 855）	45~180	225~360	0~45；180~225
文昌（59 856）	67.5~180	225~360；0~22.5	22.5~67.5；180~225

第二节　源清单建立

排放源清单是指对某一地区一种或几种污染物排放源的排放量进行估算。排放源清单是大气污染模式重要的起始输入数据，也是研究空气污染物在大气物理化学过程的先决条件。中国多尺度排放清单模型（Multi-resolution Emission Inventory for China，MEIC）是一套基于云计算平台开发的中国大气污染物和温室气体人为源排放清单模型，MEIC 清单涵盖 10 种主要大气污染物和温室气体（SO_2、NO_x、CO、NMVOC、NH_3、CO_2、$PM_{2.5}$、PM_{10}、BC 和 OC）以及 700 多种人为排放源，目前在国内被广泛用于污染成因分析、空气质量预报预警、空气污染达标规划等方面的工作。由于 MEIC 清单主要为人为源清单，不包括扬尘等自然源，但是扬尘无组织源对于城市细颗粒物的贡献率较高，因此本文采用排放因子法编制海南省无组织扬尘源清单和海南省主导产业源清单，人为源清单采用 MEIC 清单。

一、无组织排放源清单数据

扬尘源是指在自然力或人力作用下各种不经过排气筒、无组织、无规则排放地表松散颗粒物质的颗粒物排放源，包括土壤扬尘、道路扬尘、施工扬尘和堆场扬尘。土壤扬尘源是指直接来源于裸露地面（如农田、裸露山体、滩涂、干涸的河谷、未硬化或未绿化的空地等）的颗粒物在自然力或人力的作用下形成的扬尘。道路扬尘源是指道路积尘在一定动力条件（风力、机动车碾压、人群活动等）作用下进入环境空气中形成的扬尘。施工扬尘源是指城市市政基础设施建设、建筑物建造与拆迁、设备安装工程及装饰修缮工程等施工场所在施工过程中产生的扬尘。

堆场扬尘源是指各种工业料堆、建筑料堆、工业固体废弃物、建筑渣土及垃圾、生活垃圾等由于堆积、装卸、输送等操作以及风蚀作用造成的扬尘。此外，采石、采矿等场所和活动中产生的扬尘也归为堆场扬尘。

扬尘源颗粒物排放量采用排放因子乘以活动水平计算：

$$W = E \times A \tag{2-1}$$

其中 W 为某个给定排放源的扬尘排放量；E 为排放源对应的单位活动水平的排放系数，一般为单位时间单位面积（道路扬尘源为单位道路长度）的扬尘源颗粒物排放量；A 为扬尘源的活动水平因子。

道路扬尘和施工扬尘国内研究较多，区域堆场扬尘和土壤扬尘研究较少。道路扬尘与施工扬尘在珠三角有本地化研究结果，本研究采用本地化研究结果进行扬尘源颗粒物排放量计算。土壤扬尘源污染物排放采用南京市土壤扬尘源污染物排放因子，堆场扬尘源污染物排放采用京津冀大气污染扬尘源减排研究成果。

海南省 2014 年建筑面积为 9 573.15 万 m^2，排放因子为 0.35t/万 m^2细颗粒物，即建筑扬尘源排放细颗粒物为 3 351t/年。

海南省 2014 年高速公路、一级公路、二级公路和其他公路为 757km、307km、1 655 km 和 22 667 km，考虑海南省和广东省的交通量差异，四种道路排放因子分别为 0.31t/km、0.24t/km、0.17t/km 和 0.056t/km；道路扬尘源总排放细颗粒物为 1 859 t/年。

海南省 2013 年农用地面积为 298.1 万 hm^2，排放因子为 0.024t/万 hm^2，即土壤扬尘源细颗粒物排放量为 7.2t/年。

海南省 2014 年工业产值为 514.4 亿元，堆场扬尘排放因子为 0.37t/亿元（工业产值），因此海南省堆场扬尘为 192.82t。

海南省扬尘源细颗粒物总排放量为 5 411 t/年。同理广东地区扬尘源细颗粒物总排放量为 57.2 万 t/年，广西地区扬尘源细颗粒物总排放量为 14.1 万 t/年。

二、MEIC 源清单人为源数据

海南省 7 种主要污染物 SO_2、NO_x、CO、PM_{10}、$PM_{2.5}$、VOCs 和 NH_3人为源排放量采用 2012 年 MEIC 源清单。每种污染物五类源分担率如表 2-2 所示。

表 2-2　海南省各污染源贡献率　(%)

项目	农业	工业	电力	居民	交通
CO	0.0	15.3	2.7	66.0	16.0
NH_3	88.2	5.4	0.0	6.1	0.3
NO_x	0.0	27.6	35.7	5.7	31.0
$PM_{2.5}$	0.0	23.4	6.3	65.9	4.4
PM_{10}	0.0	33.9	7.5	55.0	3.6
SO_2	0.0	52.6	43.5	1.8	2.1
VOCs	0.0	56.6	0.4	31.8	11.2

对于各种污染物，SO_2的排放贡献源主要为电力源和工业源，两者贡献率可达 97.0%，其中工业源贡献率为 52.6%，电力源贡献率为 43.5%；这主要由于海南工业较少，导致电力源贡献率较高。

NO_x 的排放贡献源主要为工业源、电力源和交通源，其中交通源排放 NO_x 的贡献率已经超过了工业源的贡献率，这与海南省机动车的快速增长有关。以海口市为例，从 2001—2014 年海口机动车保有量增长了 13 倍；其中，2001—2011 年年均增速为 22.0%。而 2014 年海口汽车保有量约占机动车保有量的 83.8%。而机动车排放中含有大量的 NO_x 和 CO 等污染物。因此交通源对 CO 的贡献率也达到了 16.0%。

$PM_{2.5}$的排放贡献源主要为居民源，这与海南省产业结构有关。海南省工业发展缓慢，旅游业比重大，导致居民用燃料排放污染物比例较高。尤其农村地区生物质燃烧排放污染物也较多。海南省 $PM_{2.5}$排放总体较少，受居民源和工业源影响比较大，在空间分布上表现出西南地区和西北地区工业区细颗粒物排放较多，而海口和三亚地区工业集中的网格以及人口集中的城区也显示出较高 $PM_{2.5}$排放量。对于东部地区和中部地区中靠近海口市的网格区域由于旅游业的发展以及农产品加工过程中生物质燃烧也排放较多的细颗粒物。

VOCs 的排放贡献源主要为工业源和居民源。由于海南家具制造、旅游工艺品制造、农产品加工企业和制药企业较多，导致工业源 VOCs 贡献率较高。而生物质燃烧也导致居民源贡献率较高。并且海南省摩托车保有量较大，摩托车尾气含有大量 VOCs，因此交通源对 VOCs 的贡献率也达到了 11.0%。

NH_3的排放贡献源主要为农业源。海南省农业比重大，由于施肥方式不合理以及过度施用化肥，导致大量的氨逃逸进入大气；而畜禽散养比例高，缺乏对排泄物进行有效控制。因此，农业施肥以及畜禽养殖废弃物的氧化分解排放造成农业源贡献率高达 88%。另外海南省农产品冷藏保鲜企业较多，2012 年全省有 147 家农产品冷藏保鲜企业，因此海南工业氨排放量比其他地区较高。

三、典型产业污染源排放

石油加工、炼焦及核燃料加工业，黑色金属冶炼及压延加工业，医药制造业和农副产业加工业为海南省主导产业，根据海南省统计年鉴及各地市统计公报，海南省各源区主导产业单位产值污染物排放量如表 2-3 所示。根据主导产业分布格局，海南省各源区主导产业 2014 年工业产值和污染物排放量如表 2-4 和表 2-5 所示。

表 2-3　海南省主导产业污染物排放因子　　(g/万元)

主导产业	SO_2	NO_x	$PM_{2.5}$	VOCs
石油加工、炼焦及核燃料加工业	3 341	5 559	414	0
医药制造业	5 400	1 700	200	2 800
农副产品加工业	150	66	32	647
黑色金属冶炼及压延加工业	0	4 000	13 720	0

表 2-4　海南省主导工业产值　　(万元)

主导行业	南部	西北部	海口	东部	西南部	中部
石油加工、炼焦及核燃料加工业	—	364 700	—	—	6 560 900	—
医药制造业	—	—	1 190 800	17 910		31 773
农副产品加工业	255 903	759 606	401 900	126 354	59 777	227 645
黑色金属冶炼及压延加工业	—	—	—	—	267 920	—

表 2-5　海南省主导工业污染物排放量　　(t/年)

污染物	主导产业	南部	西北部	海口	东部	西南部	中部
SO_2	石油加工、炼焦及核燃料加工业	—	1 969	—	—	35 429	0
	医药制造业	—	—	179	3	—	5
	农副产品加工业	—	—	—	—	—	—
	黑色金属冶炼及压延加工业	—	—	—	—	322	—
NO_x	石油加工、炼焦及核燃料加工业	—	620	—	—	11 154	—
	医药制造业	—	—	79	1	—	2
	农副产品加工业	1 024	3 038	1 608	505	239	911
	黑色金属冶炼及压延加工业	—	—	—	—	80	—

（续表）

污染物	主导产业	南部	西北部	海口	东部	西南部	中部
$PM_{2.5}$	石油加工、炼焦及核燃料加工业	—	73	—	—	1 312	—
	医药制造业	—	—	38	1	—	1
	农副产品加工业	3 511	10 422	5 514	1 734	820	3 123
	黑色金属冶炼及压延加工业	—	—	—	—	844	—
VOCs	石油加工、炼焦及核燃料加工业	—	1 021	—	—	18 371	—
	医药制造业	—	—	770	12	—	21
	农副产品加工业	—	—	—	—	—	—
	黑色金属冶炼及压延加工业	—	—	—	—	—	—

四、污染物空间分布特征

海南省 SO_2、NO_x、$PM_{2.5}$、VOCs 和 NH_3空间分布如图 2-2 所示。

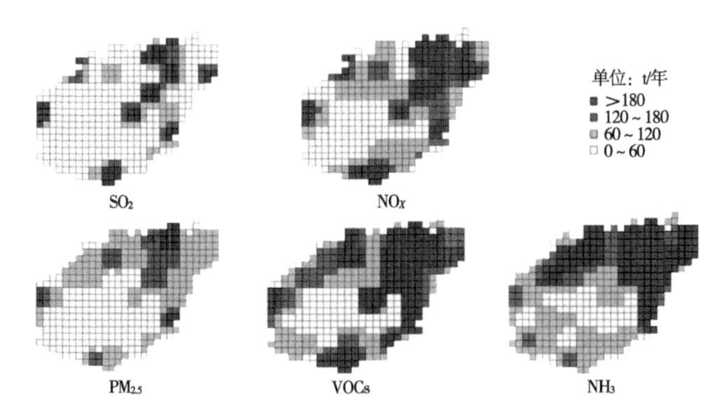

图 2-2　海南省污染物空间分布

由于海南SO_2排放量较少，SO_2排放源主要集中在海口、澄迈和东方等局部地区工业集中的网格。而NO_x排放源和$PM_{2.5}$排放源主要集中在海南北部、东部和南部工业集中、城镇化发展较好或者旅游业发达的区域。但是海南VOCs排放源相对较多，除五指山市和乐东市以外，其他地区排放VOCs均较多。海南氨排放源涉及范围更广，由于农业源也排放氨，因此除海南中部高海拔地区以外，海南各地均有氨排放。从总体上说，污染物排放主要集中在海口市、三亚市和东西沿海区域，这些区域人口密集、路网交错、旅游业较发达以及工业集中的网格。

第三节　空气质量模型CALPUFF

海陆风是由于海陆热力差异所产生的特殊风场，白天和晚上风向都会发生改变，因此局部地区风场复杂且多变。由于气象条件和地形因素对污染物扩散有较大的影响，考虑海陆风时间和空间变化快，需要使用高分辨率网格模拟风场的时空差异。而且海陆风对污染物的扩散影响主要考虑其对污染物的输送扩散，属于物理影响，不考虑污染物之间发生复杂的化学反应，因此采用CALPUFF模型适用于研究海陆风的污染效应。海南省东西向和南北向均为200km左右，CALPUFF模型模拟的尺度可以从几十米到几百千米，因此采用CALPUFF模型模拟海南省污染物的扩散情况符合模型基本要求。以1km分辨率划分网格，海南省全范围大概有4万个网格，对于大量单个网格污染源排放对环境的影响，采用CALPUFF模型模拟可快速获得模拟结果，因此采用CALPUFF空气质量模型进行高分辨率海陆风污染效应研究。

一、模型原理

CALPUFF 是用于非定常、非稳态的气象条件下，模拟污染物扩散、迁移以及转化的多层、多物种的高斯型烟团扩散模式，它模拟的尺度可以从几十米到几百千米，在近距离模式可以处理如建筑物下洗、浮力抬升、动力抬升、部分烟羽穿透和海陆交互影响等过程，在远距离可以处理如干、湿沉降，化学转化，垂直风修剪和水上输送等污染物清除过程。模式可以处理逐时变化的点源、面源、线源、体源等污染源，可选择模拟小时、天、月以及年等多种平均模拟时段，模式内部包含了化学转化、干湿沉降等污染物去除过程，充分考虑下垫面的影响，输出结果主要包括逐时的地面网格和各指定受体点的污染物浓度。CALPUFF 采用烟团函数分割方法，垂直坐标采用地形追随坐标，水平结构为等间距的网格，空间分辨率为一至几百千米，垂直不等距分为 30 多层。污染物包括 SO_2、NO_x、CmHn、O_3、CO、NH_3、PM_{10}（TSP）、BlackCarbon，主要包括污染物之排放、平流输送、扩散，干沉降以及湿沉降等物理与化学过程。CALPUFF 模型系统可以处理连续排放源、间断排放情况，能够追踪质点在空间与时间上随流场的变化规律。考虑了复杂地形动力学影响、斜坡流、FROUND 数影响及发散最小化处理。

CALPUFF 模型系统包括 CALPUFF（高斯烟团大气扩散模块），CALMET（气象、地形资料预处理模块）和 CALPOST（污染指标后处理模块）。

（1）CALMET 气象模块通过质量守恒连续方程对风场进行诊断，在输入模式所需的常规气象观测资料或大型中尺度气象模式输出场后，自动计算并生成包括逐时的风场、混合层高度、大气稳定度和微气象参数等的三维风场和微气象场资料。

（2）CALPUFF 烟团扩散模块通过对 CALMET 输出的气象场

与相关污染源资料的叠加，在考虑到筑物下洗，干、湿沉降，化学转化，垂直风修剪等污染物清除过程情况下，模拟污染物的传播及输送。

（3）通过 CALPOST 后处理模块输出所需结果。

二、实验设计

（一）中尺度气象模式

高空气象资料采用 WRF 的动力降尺度模拟数据。采用两层嵌套的 WRF 中尺度气象模型，模式使用 Mercator 投影，模拟区域中心为 19.2°N，109.8°E，最外层网格分辨率为 45km，内层分辨率为 15km，第一层网格包括雷州半岛部分地区和海南岛全岛地区及周边海域，第二层网格包括海南岛全岛地区。垂直方向为 28 层，底层加密，顶层为 50hp。参数化方案中各网格区域均采用 Kessler 等微物理过程方案；近地层物理过程采用 MYJ Monin-Obukhov 方案；陆面过程采用 Noah 方案；边界层采用 Eta Mellor-Yamada-JanjicTKE 湍流动能方案；积云参数化采用 Grell-Devenyi 集合方案。初始场资料采用 NCEP 的 6h 一次 FNL（1 °×1 °）分析资料。

地面数据采用自动观测站数据。地面气象站资料采用海南岛及周边 350 个自动观测站的逐日、逐时常规气象资料，包括风向、风速、云量、温度、气压、湿度和降水等参数。地形高度和土地利用类型资料来自 USGS SRTM3 数据和 GLCC 数据。

（二）空气质量模式

大气污染物扩散采用 CALPUFF 模型，模拟区域包括海南岛全岛及周边地区。CALMET 气象网格水平分辨率为 1km×1km，垂直方向共包含 9 层，高度分别为 20m，40m，80m，160m，320m，1 000m，1 500m，2 200m，3 000m；CALPUFF 计算网格分辨率为 1km×1km，横向 265 个网格，纵向 265 个网格。

（三）实验方案

海南岛四面环海，中尺度风场复杂，污染物扩散不仅受大尺度天气型的影响，还会因为风场的变化而呈现出空间和时间特异性。

将海南岛西部（北纬 19.61°以南海岸线和 100m 以下丘陵之间地区）和北部地区（北纬 19.61°以北两侧海岸线之间地区）按纵向 5km 以及横向 1km 分辨率划分网格，每一个网格设置一个点源，由于石化行业和农产品加工行业是海南岛的主导产业，选择这两种行业典型企业污染源排放参数分别作为高架源（石化企业）和中架源（农产品加工企业）点源排放参数。采用 CALPUFF 模型逐个模拟每个网格点源按每年排放 1 万 t 污染物对周围环境的影响，模拟范围为全岛分辨率为 1km 的网格，将污染物最大落地网格浓度日均值定义为点源的环境影响系数，环境影响系数越大，则点源所在网格对环境影响越大。

第四节 空气质量模型 CAMx

CAMx 是三维网格欧拉光化学模式，其采用质量守恒大气扩散方程，以有限差分三维网格为架构，可模拟气态和粒状污染物在对流程中污染物的排放、扩散、化学反应和污染物去除等过程。本文采用 WRF-CAMx-PSAT 数值模式，研究海南省及周边地区大气细颗粒物区域输送影响研究和敏感源识别。

一、CAMx 简介

CAMx 模式，是美国环境技术公司（ENVIRON）开发的三维网格欧拉光化学模式，也叫区域性光化学烟雾模式，模拟的范围可从城市至大尺度区域。CAMx 模式气象模块可采用中尺度气象模式 MM5，区域大气模型系统（RAMs），天气研究和预测模型系统（WRF）等模式提供的气象场为驱动；化学反应机制可选择 CB04、CB05 和州际空气质量污染 SAPRC99 等机理，用户也可自行设置化学反应机制以适应本地化研究；CAMx 采用更灵活的网格设置，同时采用变相巢状网络技术，以确保巢状网络边界质量和通量守恒；模式具有臭氧来源识别（Ozone Source Apportionment Technology，OSAT）、颗粒物来源识别过程分析等多种敏感性分析方法，可以在同一次模式模拟中解析出各分区范围内、各组源对模拟污染物的贡献率，从而对臭氧前体物或颗粒物进行来源追踪，并制定污染防治策略。同时，CAMx 可模拟气态及颗粒污染物在大气中的排放、扩散、化学反应及移除等作用，用以研究污染物浓度与沉降量之变化过程。

CAMx 包括了变相巢状网格程序、细网格尺度网格内烟流模组、快速的化学运算模组和干湿沉降等。

1. 变相巢状网格系统（Nested Grid Structure）

CAMx 采用变相巢状网络技术，以确保巢状网络边界质量和通量守恒。

2. 时间步长自控

CAMx 将全对流层内各层的时间步长间隔开，可有效降低水平对流计算时间，同时也可以平衡计算精确性与稳定度。

3. 快速的烟流计算模组

烟流计算所需空间解析度较高，CAMx 既设有次模式模拟网格内烟流的扩散，也考虑到烟流内的氮氧化物与周围 VOCs 的反应机制，计算直到烟流扩大到网格大小的程度。

4. TUV 辐射与光解次模式

CAMx 采用由美国大气研究中心所建立的 TUV 模式，考虑地表反照率、垂直臭氧浓度、垂直大气透光度、高度及日照角度等，计算光解速率常数。

5. 臭氧来源分配技术（Ozone Source Apportionment Technology，OSAT）

CAMx 对受体点上臭氧浓度进行来源定量解析。从而对臭氧前体物进行来源追踪，并制定污染防治策略。

6. 颗粒物来源分配技术（Particulate Source Apportionment Technology，PSAT）

PSAT 与 OSAT 类似，可以在同一次模式模拟中解析出各分区范围内、各组源对模拟污染物的贡献率。

二、PSAT 模块原理

大气颗粒物会影响健康和导致环境恶化，而 $PM_{2.5}$对人体健康影响更大。明确 $PM_{2.5}$的来源是制定有效控制措施的关键。由于 $PM_{2.5}$很多组分都是二次污染物，所以光化学模型是颗粒物空气质量规划的重要工具。CAMx 该模式的颗粒物来源识别模块，在模拟过程中加入活性示踪物对目标污染物进行追踪，以示踪的方式获取有关颗粒物及前体物生成（或）排放和消耗的信息，并统计不同地区、不同种类的污染源排放以及初始条件和边界条件对模拟污染物的贡献率。PSAT 模块可以从区域层面和污染物种类两方面进行源解析，从而有利于制定最有效的低费控制措施。因为一次颗粒物的污染源—接收点响应关系为线性关系，很多空气质量模型都可以进行简单的一次颗粒物的源解析，高斯静态模型和拉格朗日烟羽模型就广泛用于某些特定污染源的一次颗粒物的模拟。但是高斯模型假设污染源排放的污染物之间不会发生化学反应，这种假设不适用于二次污染物（硫酸盐、硝酸盐、铵、二次有机气溶胶）；而烟羽模型通过简化化学反应过程来减少污染源之间的相互影响，因此烟羽模型可以用于二次污染物的模拟。欧拉光化学网格模型充分考虑了污染源之间的相关影响，因此更适合用于二次污染物的模拟。光化学网格模型通过确定应优先控制的污染物、污染源的种类和污染源区域，制定优先污染物削减政策从而达到空气质量目标。

网格模型由于将所有污染源的影响都进行综合考虑，因此并不能直接得到污染源的贡献率。PSAT 则很好地解决了这个问题，其通过模型一次模拟就可以确定污染物的成分、种类和复合污染源的贡献率。PSAT 主要原理是对一次颗粒物、二次颗粒物及其气态前体物加入反应性示踪物进行标识，追踪其在物理过程和化学过程中的生成、消除和转化，以此量化各区域、各排放源对受体颗粒物浓度的贡献大小，并识别其重要的污染源。

颗粒物来源识别技术是敏感性分析和过程分析的综合方法，能有效地追踪不同地区、不同种类源排放对目标研究区域污染物的生成贡献。与分地区、行业模拟颗粒物源排放的方法相比，PSAT 能够较好地同步模拟分析不同地区、不同行业源排放对目标区域的贡献，有效减少和避免误差产生；同时，该方法简单易用，能减少原始数据处理、模拟预测及后处理分析等过程的复杂性和烦琐性，减少模拟分析时间，提高模拟预测分析效率。颗粒物来源识别技术使得敏感源筛选识别由理论上可行变为实际中可操作。PSAT 考虑了示踪物在物理过程、化学过程中生成、消除、转化过程的模拟。物理过程包括了污染源的排放、初始浓度和边界浓度的引入、干湿沉降的去除作用、污染物的传输过程。化学过程包括前体物的化学转化和颗粒物的生成转化，PSO_4是气态或液态的 SO_2氧化反应后的二次产物、NO_3^-是从 NO_X污染物转化而来、NH_4^+ 是由 NH_3转化而来等。具体计算原理可分为以下几种：

1. 气象模拟

通过输入模式所需的常规气象观测资料或大型中尺度气象模

式输出场后，计算生成包括逐时的风场、混合层高度、大气稳定度和微气象参数等的三维风场和微气象场资料。

2. 污染源数据处理

将污染源数据输入排放源处理系统（Sparse Matrix Operator Kernel Emission，SMOKE），对大气排放源清单进行小时化的时间分配、基于模拟区域的网格化分配、点源烟囱抬升高度计算及垂直层分配和基于模型化学机制的物种分配处理，生成 CAMx 模型所需要的高时空分辨率逐时排放源清单。

3 源区域划分和受体设置

将研究区域按照研究目的划分成若干源区域，并按照模拟区域的网格对源区域进行数字编号，生成数字区域地图，以分析源区域间污染物的传输扩散。受体区域可以分为点、单个网格、多个网格或由边界确定的某个区域。

4. 源解析 PSAT 模块

对模拟区域和排放源清单数据分成多个清单输入组（emission groups），并将其全部应用于所要追踪的标识物种，并根据物种的排放、沉降、迁移和化学过程分别计算每个物种在每个模拟网格中的变化量，用以计算不同地区、不同种类的污染源排放以及初始条件和边界条件对颗粒物生成的贡献。

三、实验设计

（一）中尺度气象模式

由于海南省空气质量受外来源影响较大，因此数值模拟范围包括广东省和广西壮族自治区及周边地区，以分析外来源对海南省空气质量的影响。综合考虑气象模拟效果以及 CAMx 和源清单的分辨率，气象场模拟采用两层嵌套的 WRF 中尺度气象模型。两层嵌套网格最外层网格分辨率为 27km×27km，模拟区域中心为 20°N，110°E，共 100×100 网格，网格范围覆盖中国大部分地区和东亚及东南亚部分国家；第二层网格分辨率为 9km×9km，模拟区域中心为 21.26°N，110.88°E，共 138×138 个网格，网格范围包括海南省全岛和周边海域以及广东、广西大部分地区。模拟时间为 2015 年 1 月和 7 月气象场，其中 1 月代表旱季，7 月代表雨季。

（二）大气排放源清单处理模型

源清单数据采用 MEIC 中国多尺度排放清单，分为农牧源、电厂、民用燃烧、机动车排放源和工业源五种排放源，空间分辨率为 0.25°，时间分辨率为月。采用 GIS 软件将 MEIC 源清单数据处理成研究区域特定分辨率的清单数据，然后通过排放源处理系统生成 CAMx 空气质量模型所需的高时空分辨率逐时排放源清单基础数据。

无组织扬尘数据分为土壤扬尘、建筑扬尘、交通扬尘和堆场扬尘，采用排放因子乘以活动水平获得各地区的无组织扬尘排放量。利用 GIS 软件将扬尘数据处理成研究区域特定分辨率的清单数据，然后通过排放源处理系统生成 CAMx 空气质量模型所需的高时空分辨率逐时排放源清单基础数据。源清单网格范围和分辨率与 CAMx 一致。

（三）空气质量模式

CAMx 采用单层网格，模拟区域中心为 21.12°N，110.9°E，网格分辨率为 9km，共 120×120 个网格，网格范围比 WRF 内层网格范围稍小。采用细颗粒物来源识别方法（PSAT），将污染源类型分为农牧源、电厂、民用燃烧、机动车排放源、工业源和扬尘六种类型排放源，对海南省内 5 个区域的细颗粒物敏感源区域和敏感源进行了解析。

源区域大致分为广东地区（包括广东省大部分地区以及福建、湖南和江西部分地区）、广西地区（包括广西壮族自治区以及贵州省和云南省大部分地区)、海南省海口地区、西北部地区(包括澄迈市、临高市和儋州市内陆地区)、西南部地区（包括儋州市沿海地区、昌江市和东方市)、南部地区（包括乐东市、三亚市和陵水市)、东部地区（包括文昌市、琼海市和万宁市）以及中部地区（包括白沙市、保亭市、五指山市、琼中市、屯昌市和定安市）共六个区域。受体区域选择海南省典型城市海口市、东方市、三亚市、琼海市和五指山市，共 5 个城市(图 2-3)。

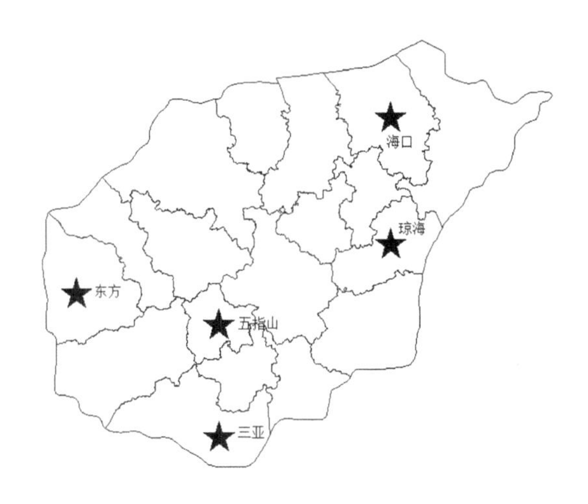

图 2-3　接收点示意图

第五节　小　结

本章从总体上介绍海陆风污染效应研究方法以及区域源解析和敏感源识别方法。根据热带海岛地区海陆风特征以及地形特征，确定海南岛海陆风日统计标准。采用 WRF-CALPUFF 数值模拟方法定量研究海陆风对污染物的汇聚以及环境空气质量影响。采用 WRF-CAMx-PSAT 数值模拟方法进行源解析以及敏感源识别，同时通过数值模拟确定海南省 6 个典型区域 4 类源的环境敏感系数，以及 SO_2、NO_x、VOCs 与 $PM_{2.5}$一次污染物之间的当量系数，建立区域多污染物协同优化控制模型。

第三章　热带海岛地区环境污染过程特征研究

本章阐述热带海岛地区大气环境污染过程与气象条件的关系，包括：①海南省环境污染过程特征；②大尺度天气型对海南省环境空气质量的影响；③热带海岛地区海陆风特征。

第一节　热带海岛一次污染过程与天气型

一、热带海岛一次污染过程统计分析

环境污染过程是指日均污染物质量浓度从谷值逐日升高到峰值而后重新下降到谷值的状态。海南岛的天气系统和天气气候的变化异常复杂，海南岛独特的地理位置决定了其环境污染过程的特殊性。海南省主要天气系统划分为：冷空气 、低压槽、副热带高压和热带气旋四大类。海口市是海南省省会城市，位于19°32′N～20°05′N，110°10′E～ 110°41′E；地处海南岛北部，北濒琼州海峡，隔 18 海里与广东省海安镇相望。研究海口市环境污染过程的谷峰演变与热带大型天气系统相关特征，具有代表性。由于 2007—2010 年气象数据较为完整，而 2013 年以前空气首要污染物为可吸入颗粒物，因此本文主要研究可吸入颗粒物环

境过程中污染物积累与天气形势的对应关系，并定义一段时间内出现 API 指数大于 50 时的污染物积累到清除过程为一次污染过程。海口市一次环境污染过程发生天数和频次如表 3-1 所示，一次环境污染过程特征如下。

（一）年际变化特征

2007 年、2009 年和 2010 年高浓度日从 9 月开始增加，2 月开始降低，6 月开始达到一年最低；2008 年高浓度日从 11 月开始增加，持续到 3 月，4 月开始降低。

（二）高浓度

9 月高浓度日开始逐渐增多，年平均为 4 日；10 月高浓度日年平均为 11.5d；11 月高浓度日年平均为 15.25d；12 月高浓度日年平均为 14.75d；1 月高浓度日年平均为 13d；2 月高浓度日开始逐渐减少，年平均为 4.5d，主要是 2008 年出现 13d，其他年份出现天数为 0~3d；3 月高浓度日年平均为 6.5d；4 月高浓度日年平均为 3.75d；5 月高浓度日年平均为 2d，主要是 2008 年出现 7d。

（三）持续时间

春季（3—5 月）一次污染过程短，一般持续 5~7d，而秋冬季一次污染过程持续时间长，长达十几日，甚至几十日，最长一次达到 43 日。

（四）季节特征

夏季（6—8 月）PM_{10}浓度较低，6 月 API 值最大为 55；7 月四年均未出现高浓度日；8 月仅 2007 年出现 3 次，API 值范围为 51~55。

（五）API 峰值范围

1 月为 51~78；2 月为 51~84；3 月为 51~80；4 月为 51~

73；5 月为 51~68；6 月为 53~55，7 月为 0，8 月为 55，9 月为 56~95；10 月为 52~88；11 月为 51~99；12 月为 53~66。

一次环境过程从污染物累积到污染物清除会经历多个天气型，为分析一次污染过程对应的天气型，本文定义环境过程中导致污染物累积的天气型为一次污染过程所对应的天气型。

表 3-1　2007—2010 年一次环境污染过程统计

年份	统计	1	2	3	4	5	6	7	8	9	10	11	12
2010	天数	6	0	8	4	0	2	0	0	5	13	15	13
	频次	1	0	3	2	0	1	0	0	1	3	4	2
2009	天数	11	2	3	5	0	0	0	0	2	17	14	11
	频次	3	2	1	4	0	0	0	0	2	2	2	2
2008	天数	11	13	12	3	7	1	0	0	4	6	13	18
	频次	3	2	2	1	1	1	0	0	1	2	1	2
2007	天数	24	3	3	3	1	0	0	3	5	10	19	17
	频次	2	2	2	1	1	0	0	1	1	3	2	2
平均	天数	13	4.5	6.5	3.75	2	0.75	0	0.75	4	11.5	15.25	14.75
	频次	2.25	1.5	2	2	0.5	0.5	0	0.25	1.25	2.5	2.25	2

注：频次统计中，若一次污染过程涉及两个连续月，则每月都记为 1 次

二、热带海岛一次污染过程天气型统计分析

为研究污染物积累、清除与气象背景场的相关关系，通过对 2007—2010 年海口市 API 指数大于 50 的峰值日污染过程与热带大型天气系统进行的统计分析，海口市一次污染过程对应的天气型主要为热带气旋型、大陆冷高压型、低压槽型和副热带高压型，各典型天气型如图 3-1 所示，各季节环境污染过程典型天气型出现频率如表 3-2 所示。

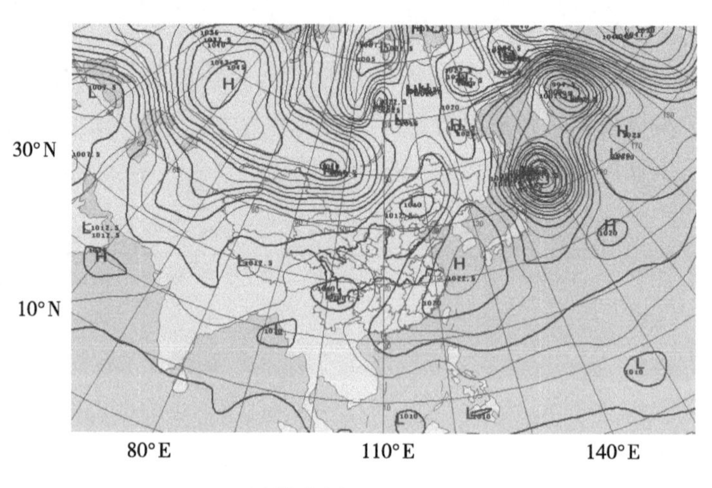

(a) 大陆冷高压(2009022108)

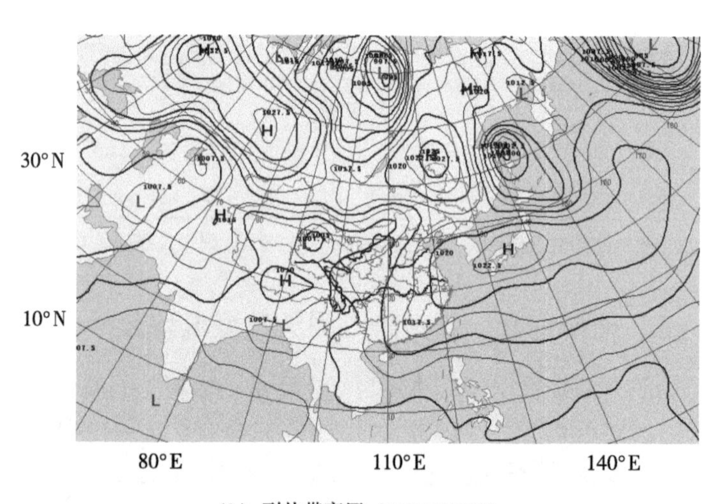

(b) 副热带高压(2009041008)

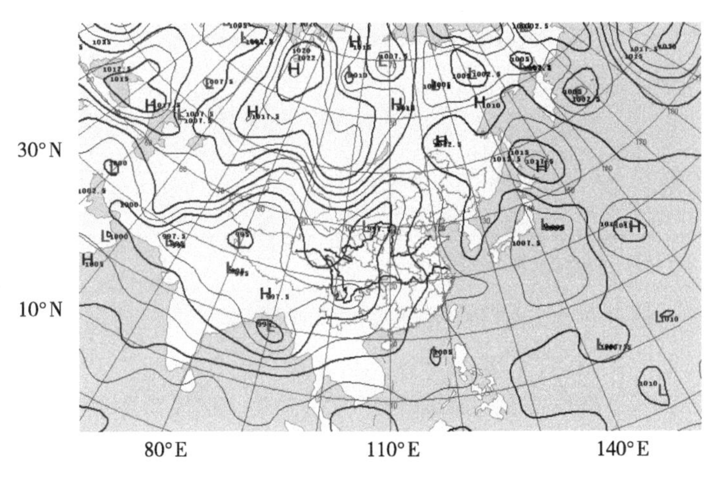

（c）低压槽（2009060708）

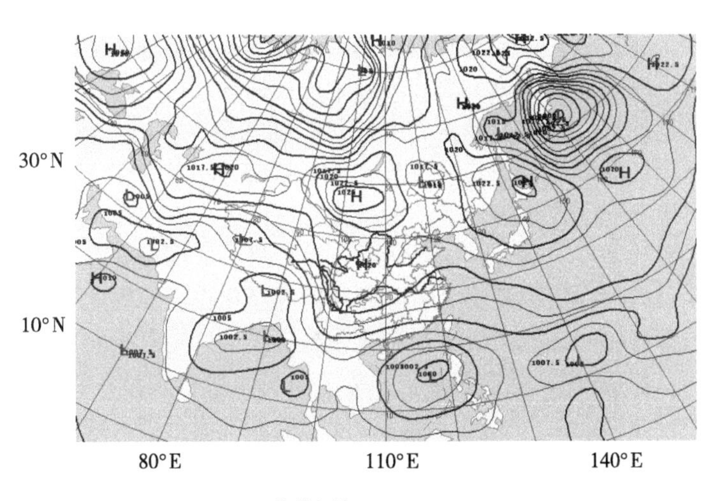

（d）热带气旋（2009092708）

图 3-1　海口市一次污染过程典型天气型

表 3-2 环境污染过程典型天气型发生频次 （次）

年份	冷空气	低压槽	副热带高压	热带气旋
2010	14	0	1	2
2009	11	1	0	4
2008	11	2	1	3
2007	13	1	0	2

注：有些环境过程累积阶段涉及多个天气型

冷空气是影响海口市环境过程的主要天气型，这种天气形势主要发生在10月至翌年4月，东北季风比较强盛，天气形势稳定，天气干燥、少雨，污染物积累时间长；同时冷空气南下将华南地区污染物或“湘桂走廊”地区带入海南，因此一次污染过程持续时间长而且峰值高。夏季和秋季海南省多热带气旋，在热带气旋外围下沉气流影响下，地面风速较小，不利于空气污染物的输送和扩散；热带气旋西北侧的东北气流会将华南地区的污染物带入海南；因此热带气旋环境过程初期导致污染物积累，但随后产生的对流降水过程则有利于污染物的清除。对于低压槽型，这种天气形势稳定，气压梯度力和风速较小，污染物容易积累，同时华南地区或越南地区的污染物有可能进入海南；但是低压槽处压强最低，控制范围向外延长，最容易形成锋凝结降水；由于降水对空气中的污染物有清除和冲刷等净化作用，因此一次污染过程持续时间短。西太平洋副热带高压经常以高压脊的形势伸向大陆，高压中心常位于海上，高压范围内盛行大范围的下沉气流，脊线附近为强下沉气流区，同时偏北气流会带入华南地区的污染物，有利于区域污染物的增量累积，易形成浓度峰值。受大型天气系统影响，如果海口地区盛行下沉气流，同时又有外来污染物输入，海口地区则容易形成大气污染过程；如果天气系统演变过程不能形成降水，大气环境过程持续时间长且峰值高，如果能形成降水，环境过程则持续时间短。因此，海口市秋冬季环境过程持续时间长且峰值高，春季环境过程峰值高但持续时间短，而夏季环境过程少且峰值低。

由于海南环境过程受外来源影响较大，与环境过程污染物浓度上升过程对应的天气型与背景流场会导致华南地区污染物扩散到海南，因此冷空气是导致海南空气质量变差的主要原因。而在中纬度地区，中纬度地区的环境污染过程一般是在大尺度高压、低压的弱气压场控制背景下，污染物经过长时间的积累达到重污染；低气压后部连接另一个大陆高压前部锋区背景下污染物消散，区域空气质量好转。冷空气和背景流场通常会把北京地区的污染物扩散到其他地方，从而导致北京地区空气质量好转。因此，不同地区天气型对应的环境过程有所不同。

三、概念模型

环境污染过程与大尺度天气型的结构及持续时间密切相关，概念模式是描述环境污染过程中污染物上升阶段和下降阶段与大尺度天气型的对应关系和配置，有利于运用天气学原理分析污染物积累和消除机理。

热带辐合带是热带地区持久的大型天气型，北半球夏季位置偏北，冬季偏南。9 月位于 20°N 左右的海口地区，当活跃型热带辐合带出现时，水平切变较大地区出现明显的气旋涡旋系统，辐合带中沿辐合线的辐合是不连续的，辐合上升最强的地区，位于气旋涡旋系统控制区，在辐合带狭长地带晴雨天气、上升与下沉气流区是交替分布的，是形成环境污染过程的主要背景场，热带辐合带有各类复杂的结构和天气分布，辐合带中有的地方宽而强、伸展高度高，有强烈的上升气流，有利于降水及污染物的清除；有的地方窄而弱、辐合层伸展高度限于边界层属地方性环流，上空有强烈的下沉气流，有利于污染物的汇聚。

由天气型演变及气象要素分析可知，活跃热带辐合带中，台湾东部海上低压的发展，大陆高压前鞍场的持续滞留是污染物上升阶段形成的主要背景场，活跃热带辐合带的形成与大陆高压南侵有明显相关；大陆高压减弱东移，形成不活跃热带低压带，印缅低压槽及西风槽的相继影响是污染物下降阶段形成的主要背景场。显然活跃型与不活跃型热带低压带的转换，形成的鞍场演变，对应的下沉与上升气流的交替影响是热带地区环境污染过程形成的主要原因。

海口地区环境污染过程与大尺度天气型概念模型如图 3-2 所示。在环境污染过程的污染物浓度上升阶段，高压脊上空持续的下沉气流会导致污染物逐日积累并达到峰值；同时热带地区活跃辐合带发展的热带气旋外围，常形成深厚的下沉气流，有利于高压脊区日均污染物浓度增大。而在环境污染过程的污染物浓度下降阶段，由于大型天气系统的转变，不活跃热带辐合带减少了污染物积累的不利因素，同时印缅低压槽所导致的上升气流有利于污染物的清除扩散，使得污染物浓度逐步降低并达到谷值。因此热带地区滞留稳定的热带辐合带中的高压脊和发展的印缅低压槽（热带低压），持续的上升气流与下沉气流交替影响，是污染物浓度起伏和环境污染过程形成的主要背景场。这与中纬度明显

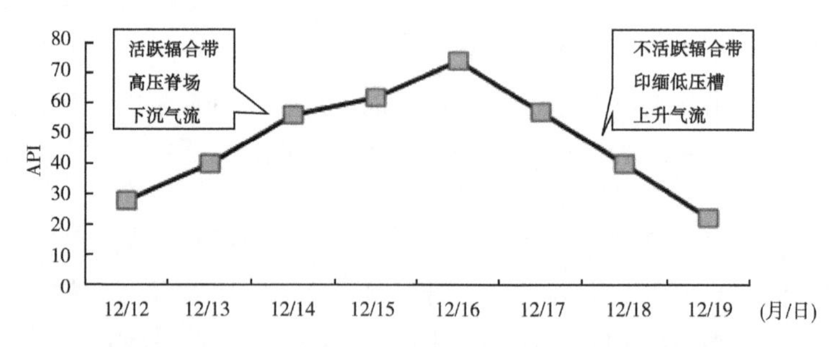

图 3-2　API 日均值演变曲线与天气型相关概念模型

的高低压天气型过程有明显不同。中纬度地区的环境污染过程一般是在大尺度高压、低压的弱气压场控制背景下，污染物经过长时间的积累达到重污染；低气压后部连接另一个大陆高压前部锋区背景下污染物消散，区域空气质量好转。

四、典型环境污染过程分析

海南岛一次污染过程对应的天气型主要为热带气旋型、大陆冷高压型、低压槽型和副热带高压型，其中大陆冷高压和热带气旋是主要天气型。20080912—20080919 环境过程中出现了大陆冷高压、热带气旋和低压槽三种天气型，20090106—20090118 环境过程中天气型主要为大陆冷高压，选择这两种典型环境过程分析天气型与环境过程的演变关系，同时分析天气型演变过程中垂直气流的变化对环境过程的影响。

（一）20080912—20080919 环境污染过程分析

根据历史统计数据，9 月海南岛受大陆高压前沿冷空气南下及变性影响，同时热带气旋活动逐渐频繁，受高压滞留变性及气旋外围下沉气流影响环境污染物高浓度日逐渐增多。本研究选取了典型热带辐合带背景场（20080912—20080919）与环境污染过程进行了分析，首要污染物为 PM_{10}，API 值日变化如图 3-3 所示。9 月 12 日到 13 日 API 增量为 12，13 日到 14 日增量为 16，14 日 API 值达到 56，空气环境质量由优转为良；15 日继续增加，但增量减缓，14 日到 15 日增量为 6，15 日到 16 日增量为 8，16 日 API 达到最大值为 74；17 日开始下降，17 日到 18 日减量为 17，18 日 API 降到 40，空气质量重新恢复到优等级；18 日至 19 日减量为 18，19 日到达谷值。此次环境污染过程可分为三个阶段，第一个阶段为 API 日均值上升阶段，持续四天；第二个阶段为 API 日均值的峰值阶段，持续一天；第三个阶段为 API 日均值下降阶段，持续三天，API 值分布呈现明显的准正态分布。

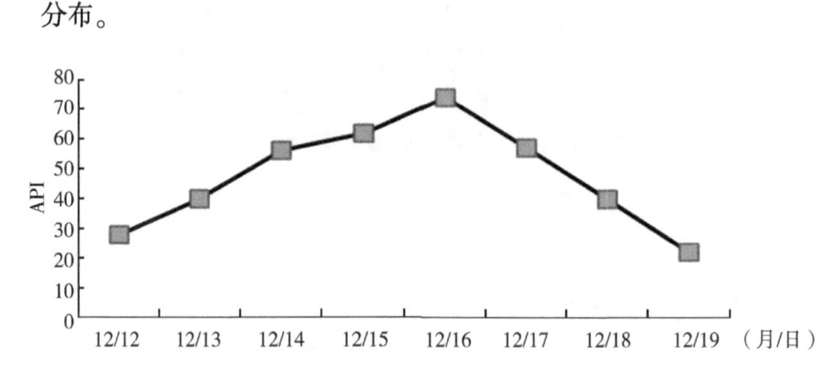

图 3-3　2008 年 9 月 12—19 日 API 日均值演变曲线

为了研究环境污染过程与大尺度天气系统相关性特征，本研究根据气象站每日 8 次海平面气压场，NCAR/NCEP 每日 4 次的再分析资料（2.5°×2.5°），沿 20°N 的纬向垂直速度剖面，对 2008 年 9 月 12—19 日逐日大气背景场进行了分析（附图 A-1 和附图 A-2）。

12 日大陆冷高压脊由 110°E 以西入侵，造成海南岛强降水，形成该日 API 日均值谷值。12 日 08 时热带辐合带东部水平切变较大的地区出现了气旋性涡旋环流，台湾地区东部气旋发展，使海口及其周边的低空边界层广大地区（95°~120°E）形成的辐合场加强。海口位于南部大陆高压脊前部反气旋流场前沿区，受其影响，海口及周边地区为下沉气流控制，有利于污染物的汇聚，形成区域边界层污染物的汇聚带，海口地区开始 API 日均值的上升阶段。

13 日海口位于热带辐合带中的高压脊区域；我国台湾地区东部热带气旋持续加强，受大陆高压脊南部东风带引导气流影响，热带气旋向西移动逐渐向海南岛靠近，强上升气流区西移至 120°E，高空下沉气流与边界层下沉气流合并，海口位于深厚下沉气流控制区，增强了污染物的汇聚特征，使污染物 API 日均值持续上升。

14 日热带辐合带南移，海口仍位于深厚下沉气流控制的高压脊区，下沉气流明显增强，受其影响，API 日均值增量为 16，是 API 日均值增量最大的一天。

15 日热带辐合带南移，台湾热带气旋减弱，印缅低压槽增强，海口仍位于高压脊控制区，1 000m 以下的边界层 100~115m 的广大地区为下沉气流区，高空为弱下沉气流，受其影响，API 日均值持续上升，日增量为 8。

16 日大陆高压减弱，海口位于热带辐合带中弱的高压区场区，仍有明显东北气流输送，由地面到高空位于下沉气流控制区，达到 API 日均值的峰值阶段。

17 日海口为印缅低压槽东伸的低槽控制，从 14 时开始低空为上升气流控制，20 时高低空上升气流贯穿，有利于污染物的清除，受其影响，API 日均值下降，开始 API 日均值的下降阶段。18 日海口仍为印缅低压槽东伸的低槽控制，海口上空为弱上升气流控制，有利于污染物的清除。19 日海口仍为印缅低压槽东伸的低槽控制，海口为明显上升气流控制，有利于污染物的清除。

由上述分析，这次环境污染过程中在 17°~22°N，95°~125°E 区，有持续稳定滞留的热带低压带，污染物浓度上升阶段海口位于低压带中两个低压中心之间的相对高压区的下沉气流区，滞留 5 日使污染物浓度连续积累，API 日均值达到峰值阶段；17 日后随着台湾附近的低压减弱，海口热带辐合带中相对高压区消失，受印缅低压槽影响，形成明显稳定持续 3 日的上升气流及降水清除区，污染物浓度则下降。

显然，相邻两个低压的发展，形成其间的高压区属污染物的积累系统；印缅低压槽为低压系统，属污染物的清除系统，因此，热带地区由下沉和上升气流交替形成的环境污染过程，与热带辐合带中热带低压的发展和消失相关。总之，热带辐合带明显的低高低的气压场分布和持续，是环境污染过程形成的主要原因，而造成这类气压分布的主要原因，是由于大陆高压脊前部移近海口时，使低压系统发展，低压辐合带断裂造成的结果。

污染物浓度上升阶段初期和下降阶段对应的 API 日均值增量和减量都较大，这主要是由于初期大陆高压脊上空长时间持续的下沉气流及边界层低层流场辐合形成的污染物汇聚带，导致污染物逐日的持续积累，而随后海南岛东部产生的热带气旋加强，受其外围增强的下沉气流影响，空气扩散条件受到抑制，污染物容易累积，导致 API 增量迅速增加；但是海南岛工业及区域污染源少，API 即使逐日积累增加但峰值不会太大，后期 API 增量减少是由于海口东部辐合带中的气旋减弱，增强了外层圈的扩散条件。由于受印缅低压槽向东伸展的低槽前偏南风、降水系统东移及上升气流和降水增强影响，加大了对污染物的清除作用，使得下降阶段 API 减量较大。因此空气污染物浓度的谷峰变化形成的环境污染过程与这些系统的相继影响有较好的对应关系。而热带地区大型高压脊天气系统及控制下的海口市地方性流场汇聚是造成地区 API 增高及峰值形成的主要原因。

2008 年 9 月 12 日至 19 日 08 时环境污染过程中逐日 API 值增量与该日风场、风速及气流垂直运动的大气要素背景场如表3-3 所示。由表 3-3 可知，受天气系统演变影响，上升与下降阶段 08 时地方性风向有明显转变。偏南风对应污染物下降阶段，偏西风对应污染物上升阶段。14 日下沉气流为最强中心值为 0. 15m/s，污染物日增量最大，显然，下沉气流的持续是污染物上升的主要背景场。热带辐合带中有明显的上升及下沉气流相间性分布的特征，在热带辐合带活跃期间，上升及下沉气流速度明显增强，在持续数日强下沉气流滞留区形成了明显的污染物上升阶段；在上升气流滞留区形成了明显的污染物下降阶段。因此，热带地区滞留的上升及下沉气流相继影响是环境污染过程形成的主要原因，各类要素场的演变是大型天气系统转换综合影响的结果。而海口市地方性风场的变化对外源污染物的输送起着重要作用。这是由于偏西风有利于华南和越南污染物向海口地区的输入与汇聚，而偏南风则减少了外源污染物的输入。外源污染物的输入与否也对应着环境污染过程的 API 日均值上升阶段和下降阶段。因此大型天气系统背景下的海口市地方性流场的变化是造成 API 谷峰变化的主要原因。

表 3-3　2008 年 9 月 12—19 日 API 变化与 08 时大气背景场

时间	API	增量	风向（°）	风速（m/s）	气流运动	降水
20080912	40	—	70	1	900hp 以下为下沉气流	无
20080913	56	12	250	1	低高空下沉，两侧强上升	无
20080914	62	16	250	3	低高空强下沉，两侧弱上升	无
20080915	74	8	270	2	下沉气流	无
20080916	57	6	0	0	600hp 以下为下沉气流	无
20080917	40	−17	180	1	08 时下沉气流；14 时上升气流	无
20080918	22	−17	140	2	850hp 以上为上升气流	14 时后雷阵雨
20080919	28	−18	140	1	900hp 以上为上升气流	14 时后雷阵雨

综上所述，热带辐合带中持久稳定的大陆高压脊是热带地区重要的高压系统，并与印缅低压槽，活跃热带辐合带中的热带气旋成为影响海口市环境空气质量的主要天气型；空气污染物浓度的谷峰变化形成的环境污染过程与这些系统的相继影响有较好的

对应关系。20080912—20080919 这次污染物浓度峰谷演变过程中，高压脊上空长时间持续的下沉气流及边界层低层流场辐合形成的污染物汇聚带，有利于滞留的高压脊区日均 API 值增大，而活跃的热带辐合带中发展的热带气旋外层圈及大陆高压脊共同作用形成深厚的下沉气流，导致污染物逐日的持续积累并使 API 日均值达到峰值；印缅低压槽前偏南风及降水有利于污染物的清除。热带地区滞留稳定的赤道辐合带中的高压场和发展的热带低压，持续的上升气流与下沉气流交替影响，是污染物浓度起伏和环境过程形成的主要背景场。与中纬度明显的高低压天气型过程有明显不同。大型天气系统背景下的海口市地方性流场的变化是造成 API 谷峰变化的主要原因。偏西风有利于华南和越南大量污染物的输入和汇聚，偏南风有利于污染物的清除。

（二）20090106—20090118 典型环境污染过程分析

20090106—20090118 环境污染过程首要污染物为 PM_{10}，此次污染过程可分为三个阶段，第一个阶段为上升阶段（6—7 日），持续两天；第二个阶段为峰值阶段（8—14 日），持续七天；第三个阶段为下降阶段（15—18 日），持续四天。1 月 6—7 日 API 增长缓慢，增量仅为 1；7—8 日 API 急剧增加达到峰值 64，增量为 33；8—14 日属于峰值波动期，9—11 日 API 短时间下降后达到 46，12—14 日又重新上升至 57；15 日 API 开始下降，减量为 5；16 日空气质量重新恢复到优等级；18 日到达谷值。

为了研究环境污染过程与天气型相关性特征，本文根据气象站每日 8 次海平面气压场，NCAR/NCEP 每日 4 次的再分析资料（2. 5°×2. 5°），沿 110°E 和 20°N 的垂直速度时间剖面，对 2009 年 1 月 7—18 日大气背景场和垂直气流运动进行了分析（附图 A-3 和附图 A-4）。从 1 月 6 日开始，海口位于南部大陆高压前部反气旋流场前沿区，受大陆冷高压脊影响，海口低空边界层为下沉气流控制，有利于污染物的汇聚；同时又受强劲东北季风影响加上南海北岸与琼州海峡的地形作用，地面流场为自东偏北入流，有利于华南污染物向南输送，因此海口地区开始污染物的浓度上升阶段。1月7—14日在大陆高压的持续影响下，API值在7日达到峰值，其间出现波动但是没有持续下降趋势。15日冷空气南移出海，高压入海变性，对海南岛的影响减弱，API值出现下降，18日到达谷值。在此次环境过程中，随着大陆冷高压影响的开始出现污染物积累，到大陆冷高压影响消失环境过程也随之结束，API值转折日天气型如图3-4所示。

环境过程的上升阶段和下降阶段天气型变换明显，在大陆冷高压脊控制下，海口地区受下沉气流控制，当大陆冷高压脊影响减弱时，下沉气流减弱，而在海陆温差的影响下，出现上升气流。因此在环境过程中，API值的下降过程都对应着气流上升过程，而API值的上升过程则对应着气流下沉过程，垂直速度时间变化如图3-5所示。

1月7日和8日海南岛继续受大陆冷高压脊的影响，海口及其周边地区高空和边界层均为下沉气流控制，下沉气流最强中心值达到0.15m/s，有利于污染物的汇聚，偏北风使华南污染物在海口汇聚，形成区域边界层污染物的汇聚带。因此7日API值开始增加，由于海口地区边界层位于下沉气流边缘，因此7日API增量较少，仅为1。1月8日，海口地区下沉气流加强，同时海口以东地区边界层上升气流减弱，而且高空下沉气流与边界层下沉气流合并，污染物不容易扩散，因此海口地区经过两天的积累API值达到峰值。由于海陆风中尺度环流需要下垫面温度梯度大以及大气层结稳定度较小，因此7日和8日在大陆冷高压脊的影响下，下沉气流较强，边界层稳定度高，海口地区14时不容易形成上升气流，也就不利于污染物扩散。

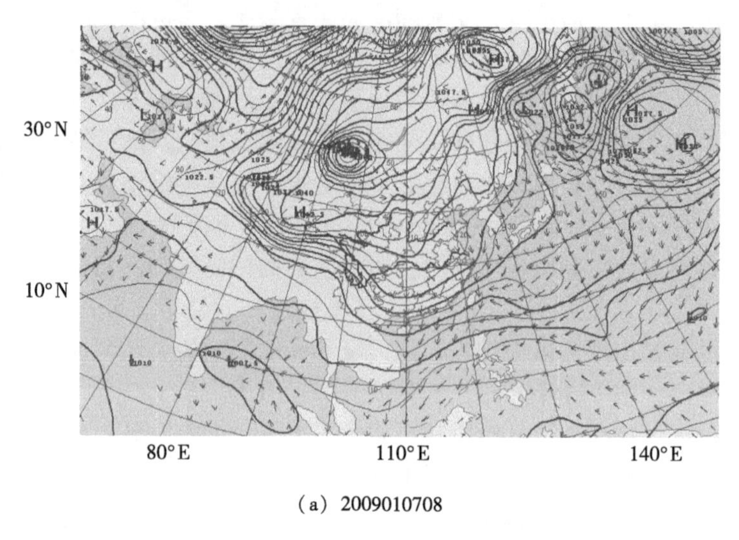

（a）2009010708

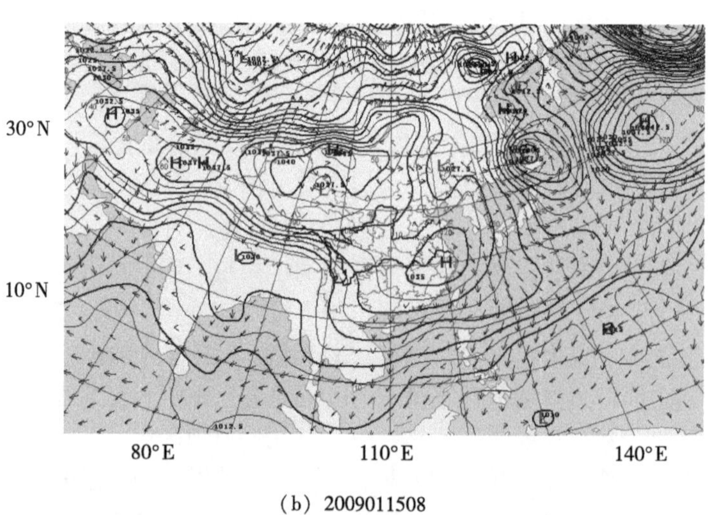

（b）2009011508

图 3-4　20090107 与 20090115 海平面气压与地面流场图

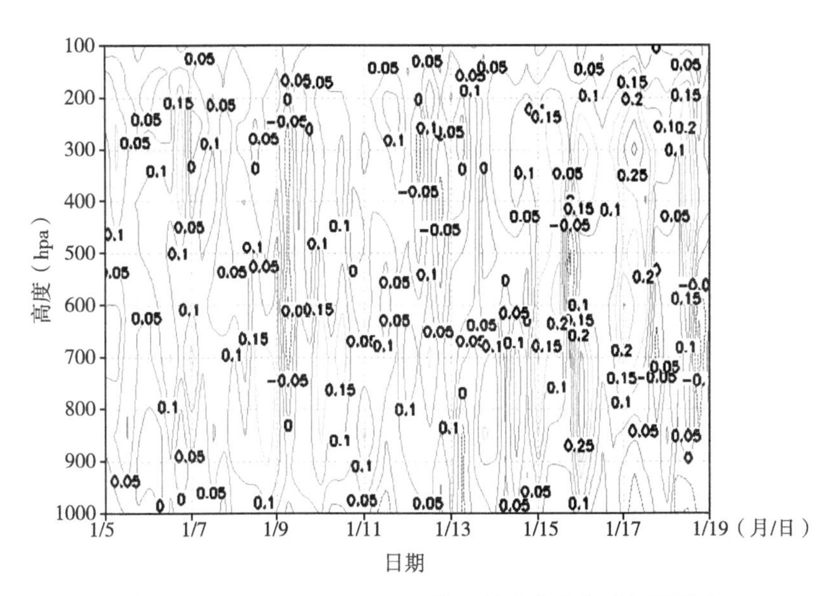

图 3-5　20090106—20090118 海口站垂直速度时空剖面图

1 月 9 日 08 时继续出现大范围（90°～125°E）强下沉气流，但在 14 时海口高空出现上升气流，因此 API 值出现下降。1 月 10 日 08 时又出现大范围（90°～112°E）强下沉气流，也在 14 时边界层出现上升气流，同时风向转为偏东风，华南污染物输送减少，因此 API 值继续下降。

1 月 11 日海平面等压线疏松，天气型影响减弱，出现海陆风日。凌晨开始为东南风，陆风风速较小，均为 2m/s；10 时开始逆时针转向为东北风，14 时达到最大，为东北偏北风，7m/s，20 时海风结束。1 月 11 日与 1 月 10 日速度垂直剖面图比较，11 日四个时次的速度垂直剖面出现明显的闭合环流。02 时和 08 时的闭合环流中，海口地区位于气流下沉区域，有利于污染物的汇聚；其中 08 时出现大范围（90°～110°E）强下沉气流，下沉气流最强中心值达到0.25m/s。但是02时和08时风向转为东南风，不利于华南污染物向海口的输送。14时陆地升温明显，边界层出现上升气流，虽然14时出现东北风，有利于华南污染物输送到海口，但是上升气流有利于污染物输出；高空存在的下沉气流会抑制污染物继续向上扩散，同时115°E地区的下沉气流会将污染物重新输送至海口地区。20时在115°E洋面高空形成强上升气流，在海口高空形成强下沉气流，闭合环流也会将汇聚的污染物重新输送到海口地区。因此虽然在11日出现上升气流，但是海陆风对污染物的输送作用导致API值并没有出现明显下降。

1月12日海口继续出现强下沉气流，因此API值升高。1月13日风向为东北偏风—东北偏东风，有利于华南污染物向南输送，08时出现大范围（100°E~112°E）强下沉气流。14时边界层又出现上升气流，导致海陆风日API值虽然增加，但增量较少。1月14日08时出现大范围（97°E~130°E）强下沉气流，使得API值继续增加，增量达到6。

1月15—17日14时海口及周边地区边界层均出现上升气流，API值开始下降。而1月18日14时海口周边地区边界层和高空都出现上升气流，因此API值持续下降并在18日到达谷值。

综上所述，在大尺度天气型影响下，海口及周边地区长时间受下沉气流控制，最强中心值可达0.25m/s，因此下沉气流的持续是污染物上升的主要背景场。而持续的偏北风则加强了华南污染物的输送。海南岛四面环海，陆地和海洋容易形成温度梯度从而产生海陆风，白天陆地温度高，形成海风，晚上海洋温度高，形成陆风。在背景风场的影响下，海陆风不明显，但是14时太阳辐射增强引起的上升气流较为明显，上升气流有利于污染物下降。2009年1月6—18日地表温度变化（附图A-5）。环境过程中有明显的上升及下沉气流相间性分布的特征，在持续数日强下沉气流滞留区形成了明显的污染物上升阶段，在上升气流滞留区形成了明显的污染物下降阶段。因此，热带地区滞留的上升及下沉气流相继影响是环境过程形成的主要原因，各类要素场的演变是天气型转换综合影响的结果。

第二节　热带海岛地区环境污染与海陆风

一、海南岛海陆风日时空分布规律

根据自动气象站逐时数据，海岛 8 个气象站 2008—2010 年海陆风日统计结果如表 3-4 所示，其中海口站、琼海站和东方站海陆风日统计数据与历史数据比较结果如表 3-5 所示。根据表 3-4，2008—2010 年海陆风日数量与历史数据比较总体偏少，有可能是由于城市发展产生热岛效应导致统计结果偏少。但是三个气象站季节变化趋势一致。海口站海陆风日夏季最多，其次为春季、秋季和冬季；琼海站海陆风日秋冬季比春夏季多。而东方站冬季和春季海陆风日比秋季多，但是夏季东方站全天以陆风为主，导致海陆风日统计数偏少。

海岛 8 个气象站海陆风日时间和空间分布规律如下。

（一）空间分布规律

海岛南部气象站比北部气象站海陆风日多，海岛东线海口站、琼海站、万宁站和陵水站海陆风日逐渐增加，南部陵水站海陆风日可达到 43. 6d，而北部海口站为 9d；海岛西线海口站、临高站和东方站海陆风日也逐渐增加。受地形影响，三亚站和文昌站海陆风日较少。

（二）时间分布规律

各站海陆风分布季节差异明显。海岛北部海口站和临高站和夏季海陆风日较多，其次为春季、秋季和冬季；海岛南部万宁站和琼海站秋冬季海陆风日较多。东方站春季和冬季海陆风日较多，夏季最少。陵水站冬季和夏季海陆风日较多，其次为春季，秋季最少。

表 3-4　2008—2010 年海陆风日统计结果

站点	1月	4月	7月	10月	总计
海口	0	3.3	5	0.7	9
临高	1	3	8.7	0.3	13
东方	7.5	7	3.7	6.3	24.5
三亚	0.5	1.3	1.7	0.3	3.8
陵水	13.5	10.7	13.7	5.7	43.6
万宁	6	3	3.3	6.3	18.6
琼海	5	2	1.3	4	12.3
文昌	0	0.3	0.7	0.3	1.3

表 3-5　海陆风日演变比较

季节	海口		琼海		东方
	历史	平均	历史	平均	历史
1月平均日数（d）	2	0	14	5	14
4月平均日数（d）	6	3.3	5	2	16
7月平均日数（d）	8	5	8	1.3	12
10月平均日数（d）	4	0.7	11	4	9

二、海南岛海风特征分析

（一）海南岛海风初始最大结束海风分析

2009 年海南岛海风特征分析详见表 3-6 和附表 1 至附表 8。

表 3-6　2009 年海南岛全年海陆风统计分析

区站	初始海风时刻			初始海风风速			最大海风时刻			最大海风风速			海风结束时刻		
	平均值	最早	最晚	平均值	最小	最大	平均值	最早	最晚	平均值	最小	最大	平均值	最早	最晚
海口	12.3	9	16	3.3	1	6	14.8	11	20	5.1	3	10	21.1	18	24
临高	13.1	11	15	2.4	1	4	14.9	12	23	3.6	3	6	20.8	18	26
东方	11.1	9	14	2.6	1	6	14.0	11	18	4.5	2	9	20.4	17	27
陵水	11.4	9	12	2.3	1	5.3	14.2	10	19	4.1	2	8	21.3	18	28
万宁	12.0	9	16	2.0	1	8	13.7	10	18	3.0	2	5	21.1	18	29
琼海	11.9	10	17	2.2	1	5	14.4	11	17	3.5	2	5	21.3	18	27
文昌	13.5	10	16	2.0	1	3	13.6	11	16	2.7	1	4	20.2	18	24

2009 年海南岛海风初始平均时刻在 11.1~13.5 时，最早在 9 时出现，最晚 17 时出现。春季和夏季北部气象站海陆风日海风初始时刻比南部各站要晚，秋季和冬季则相反。而东部气象站全年比西部气象站晚。海风最大时刻平均在 13.6~14.9 时，最早 10 时出现，最晚 23 时出现。春季和夏季北部和西部气象站海陆风日海风最大时刻比南部和东部各站要晚，秋季和冬季则相反。海南岛南部所处纬度较低，离大陆较远，其邻近海域受外海水影响较大，年平均水温变化幅度较北部海域小。北部气象站邻近海域靠近大陆，水温易受陆地及气象条件的影响。春季和夏季海南岛受西南季风影响，北部气象站邻近海域升温较快，海陆温差小于南部气象站，所以海风初始时刻南部气象站早。而秋季和冬季受大陆冷空气影响较大，盛行东北风，北部气象站邻近海域

气温较低，海陆温差大于南部气象站，因此海风初始时刻北部气象站早。气象站海风初始时刻早，海风到达最大时刻也早。海风结束时刻平均在 20.2~21.3 时，最早 17 时结束，最晚第二日凌晨 5 点结束。冬季北部气象站比南部海风结束早，春季、夏季和秋季北部比南部晚；全年西部气象站比东部气象站海风结束时刻早。初始海风风速平均为 2.0~3.3m/s，最大为 8m/s，最小为 1m/s。最大海风风速平均为 2.7~5.1m/s，最大为 10m/s，最小为 1m/s。海风风速大小与背景风有关，如果海风与背景风重叠，则会加大海风风速；如果海风与背景风相反，抵消了一部分海风风速，则风速较小。海口气象站与背景风风向比较一致，因此海风初始平均风速和最大海风平均风速都最大，而且最大海风风速也出现在海口站，即使最大海风风速的最小值也较大。

1 月海南岛海风初始平均时刻在 10~13 时，最早在 9 时出现，最晚 17 时出现。北部气象站海陆风日海风初始时刻比南部各站要早，而西部气象站比东部各站早。海风最大时刻平均在 14~15 时，最早 11 时出现，最晚 18 时出现。北部和西部气象站海风初始时刻早，也比南部和东部气象站达到海风最大时刻。海风结束时刻平均为 19.5~22.1 时，最早 18 时结束，最晚第二日凌晨 2 点结束。海口站比陵水站海风结束时刻早，东方站与万宁站海风结束时刻相近，但是比琼海站早。初始海风风速平均为 1.85~4m/s，最大为 5.3m/s，最小为 1m/s。最大海风风速平均为 2~7m/s，最大为 7m/s，最小为 2m/s。因为与背景风重叠，海口站初始海风风速和最大海风风速都最大；陵水站因为纬度低，初始海风风速和最大海风风速也较大；东方站海风虽然与背景风相反，但初始海风风速和最大海风风速仍大于万宁站和琼海站。

4 月海南岛海风初始平均时刻为 10.8~13 时，最早在 10 时出现，最晚 13 时出现。北部气象站海陆风日海风初始时刻比南部各站要晚，而东部气象站比西部各站晚。海风最大时刻平均在13~18时之间，最早11时出现，最晚20时出现。海风结束时刻平均在20.4~27时，最早17时结束，最晚第二日凌晨3点结束。陵水站比海口站海风开始早，达到最大海风和海风结束时刻也早。而东方站比万宁站和琼海站海风开始早，海风结束时刻也早。初始海风风速平均为1~4m/s，最大为6m/s，最小为1m/s。最大海风风速平均为3~6.5m/s，最大为8m/s，最小为3m/s。海口站初始海风风速和最大海风风速大于陵水站，而东方站则大于万宁站和琼海站。

7月海南岛海风初始平均时刻为10~13.5时，最早在9时出现，最晚16时出现。北部气象站海陆风日海风初始时刻比南部各站要晚，临高站比文昌站早，东方站比万宁站早，但比琼海站晚。海风最大时刻平均在13.7~15时，最早10时出现，最晚19时出现。海风结束时刻平均为20.5~22时，最早18时结束，最晚24时结束。陵水站比海口站海风开始早，达到最大海风也早，但海风结束时刻晚。琼海站比东方站海风开始早，达到最大海风也早，但海风结束时刻晚。初始海风风速平均在1.7~3.7m/s，最大为6m/s，最小为1m/s。最大海风风速平均在3~5.3m/s，最大为9m/s，最小为2m/s。海口站初始海风风速和最大海风风速均大于陵水站，而文昌站两者均最大。

10月海南岛海风初始平均时刻在11.3~12.5时，最早在9时出现，最晚16时出现。海风最大时刻平均在12.9~15时，最早11时出现，最晚19时出现。海风结束时刻平均在20.1~22时，最早18时结束，最晚24时结束。海口站比陵水站海风开始早，达到最大海风也早，但海风结束时刻晚。东方站比琼海站和万宁站海风开始早，海风结束时刻早。初始海风风速平均在2~4.2m/s，最大为8m/s，最小为1m/s。最大海风风速平均为3.4~6.2m/s，最大为9m/s，最小为2m/s。海口站初始海风风速和最大海风风速均最大。

（二）气象站海风分析

1. 海口气象站海风分析

海口站初始海风时刻平均在 12. 3 时左右出现，最大海风时刻在 14. 8 时出现，初始海风风速为 3. 3m/s，最大海风风速为 5. 1m/s。海风结束时刻平均在 21. 1 时左右，最早 18 时，最晚到 24 时，海风结束后开始转向陆风。夏末秋初（7—10 月）海风开始较早，最早 10 点开始出现；海风最大时刻出现也较早，最早 11 点开始出现。11 月和 12 月海陆风日少，海风开始时间较晚，最早 13 点出现，最晚 15 点开始出现；最大海风时刻也出现最晚，17 点才出现最大海风。1 月和 5 月海风出现时间较早。冬季和春季最大海风风速较高，夏季和秋季最大海风风速较低。全年海陆风日初始海风风向以 NNE-NE 为主，而全年海陆风日最大海风风向主要为 NE，各风向频次如表。海口全年以东北风为主导风向，其次为东风和东南风，因此最大海风风向为东北风与主导风向保持一致，最大海风风速也较大。

2. 东方气象站海风分析

东方站初始海风时刻平均在 11. 1 时左右出现，最大海风时刻在 14. 0 时出现，初始海风风速为 2. 6m/s，最大海风风速为 4. 5m/s。海风结束时刻平均在 20. 4 时左右，最早 17 时，最晚到 24 时，海风结束后开始转向陆风。全年海风开始时间和海风最大时刻出现时间比较一致。夏季初始海风风速和最大海风风速较大，其次为春季。全年海陆风日初始海风风向以 N 为主，但是夏季初始海风风向以 NNW 为主；而全年海陆风日最大海风风向主要为 NNW，但是夏季以 WNW 风向为主。

3. 临高气象站海风分析

临高站初始海风时刻平均在 13. 1 时左右出现，最大海风时刻在 14. 9 时出现，初始海风风速为 2. 4m/s，最大海风风速为

3. 6m/s。海风结束时刻平均在 20. 8 时左右，最早 18 时，最晚到 24 时，海风结束后开始转向陆风。夏季海陆风日最多，海风初始时刻较早，最大海风时刻较晚，而海风结束时刻较早；春季初始海风风速较大，春季和冬季最大海风风速较大，海风结束时刻也较晚。全年海陆风日初始海风风向以 N 为主，其中春季以N~NNE 为主，夏季各风向比较平均，秋季以 NNW~N 为主，冬季以 NE~NW 为主。最大海风风向以 NNW 为主，其中春季以 NNE~N 为主，夏季以 NNW 为主，秋季以 NNW~N 为主，冬季以 NW~NE 为主。

4. 陵水气象站海风分析

陵水站初始海风时刻平均在 11. 4 时左右出现，最大海风时刻在 14. 2 时出现，初始海风风速为 2. 3m/s，最大海风风速为 4. 1m/s。海风结束时刻平均在 21. 2 时左右，最早 18 时，最晚到 24 时，海风结束后开始转向陆风。春季和夏初（3—6 月）海风开始较早，最早 9 点开始出现；海风最大时刻出现也较早，最早 10 点开始出现。冬季初始海风风速和最大海风风速都较大。全年海陆风日初始海风风向以 NE-E 为主，其中春夏季以 SSW 为主，而秋冬季以 NE-E 为主。全年最大海风风速以 E-ESE 为主。

5. 琼海气象站海风分析

琼海站初始海风时刻平均在 11. 9 时左右出现，最大海风时刻在 14. 4 时出现，初始海风风速为 2. 2m/s，最大海风风速为 3. 5m/s，海风结束时刻平均在 21. 3 时左右。全年海陆风日初始海风风向和最大海风风向以 ENE 为主，其次为 E，但是夏季最大海风风向为 SE-SSE。

6. 万宁气象站海风分析

万宁站初始海风时刻平均在 12. 0 时左右出现，最大海风时刻在 13. 7 时出现，初始海风风速为 2. 0m/s，最大海风风速为 3. 0m/s，海风结束时刻平均在 20. 5 时左右。夏季和秋季海风开始较早，最早 9 点开始出现；海风最大时刻出现也较早，最早 10 点开始出现。秋季最大海风风速较高，最大可达到 8m/s。全年海陆风日初始海风风向和最大海风风向以 ENE 为主，其次为 E，但是夏季最大海风风向以 SE 为主。

三、海南岛海风辐合区时空分布规律

海南岛四面环海，在海风阶段，沿海极易形成小型海风辐合区，当海风与盛行气流一致时，海风辐合区会深入内陆地区；在陆风阶段，当陆风与盛行气流相反时，也有可能在沿海地区形成辐合区。在海岛南部，受山地及局部谷风环流的扰动，山前易形成小型辐合区。海南岛地形机械绕流作用明显，各个季节盛行气流不一样，气流绕流位置不同，从而在海岛不同位置形成季节性海风辐合区。在海岛北部较平坦地区，两侧海风会与盛行气流或绕形气流一致，因此该地易形成大型海风辐合区，并且随着盛行气流和绕形气流强度的变化，辐合区的位置表现出明显的移动性。

（一）1 月海风辐合区特征

2010 年 1 月出现 3 次明显的海风辐合区。2010 年 1 月 2 日 10 时，海岛西北部地区部分盛行气流绕流深入内陆，东部绕流气流形成西南风，两股气流在海岛北部海口和定安地区辐合形成明显的东北—西南走向海风辐合区，19 时海风辐合结束。1 月 6 日 11 时在海岛北部海岸线附近首先出现海风辐合，并向东南方向移动，16 时结束。1 月 31 日 14 时在海岛北部海口沿海地区出现海风辐合，18 时结束，持续时间较短。

（二）4 月海风辐合区特征

2010 年 4 月海风辐合区出现频率较高，共有 13 天出现明显的海风辐合区。4 月 1 日 12 时海岛北部海岸线出现大范围海风辐合，并随后向内陆推进；16 时在澄迈和海口地区形成东北—西南走向海风辐合区，18 时海风辐合结束。海岛西南部东方地区 10 时出现海风辐合，21 时结束。4 月 2 日 11 时在海口和定安地区出现海风辐合，12 时该地形成东北—西南走向海风辐合区，20 时海风辐合结束。4 月 3 日 12 时海岛北部海岸线出现大范围海风辐合，20 时海风辐合结束。海岛西南部东方地区 10 时出现海风辐合，13 时结束。4 月 4 日 13 时在海岛西北部临高沿海地区出现海风辐合，15 时海岛北部辐合区移动到澄迈地区，20 时海风辐合结束。海岛西南部东方地区 10 时出现海风辐合，16 时结束。4 月 5 日 14 时在海岛西北部临高地区出现海风辐合，16 时海风辐合区移动到澄迈地区，20 时海风辐合区消失。4 月 6 日海岛北部澄迈和海口地区 14 时出现海风辐合，19 时结束。海岛西南部东方地区 9 时出现海风辐合，18 时结束。4 月 7 日海岛西北部临高地区 13 时出现海风辐合，随后海风辐合区移动到澄迈和海口地区，19 时结束。4 月 11 日海岛西北部临高地区 14 时出现海风辐合，18 时结束。4 月 12 日海岛西北部临高地区 14 时出现海风辐合，18 时结束。4 月 13 日海岛西北部临高地区 12 时出现海风辐合，16 时海岛北部辐合区扩大到澄迈地区，20 时结束。海岛西南部东方地区 9 时出现海风辐合，21 时结束。4 月 14 日海岛儋州中部地区 13 时出现海风辐合，15 时海岛北部辐合区移动到临高地区，21 时结束。海岛西南部东方地区 7 时出现海风辐合，15 时结束。4 月 15 日海岛北部澄迈和海口南部地区 12 时出现大范围海风辐合，14 时汇聚带移动到东部沿海一带，15 时结束。4 月 26 日 12 时海岛北部海岸线出现大范围海风辐合，17 时结束。

（三）7 月海风辐合区特征

2010 年 7 月海风汇聚带出现频率也较高，共有 11 天出现明显的海风辐合区。7 月 3 日 14 时海岛北部海口、文昌、定安和屯昌地区出现海风辐合，形成东北—西南走向海风辐合区，17时结束。7月4日14时海岛北部海口、文昌和定安地区出现海风辐合，形成东北—西南走向海风辐合区，随后辐合区向西北方向移动，20时结束。7月5日14时海岛北部海口、文昌和琼海地区出现海风辐合，形成东北—西南走向海风辐合区，随后辐合区向西北方向移动，20时结束。7月6日14时海岛北部海口、文昌、和琼海地区出现海风辐合，形成东北—西南走向海风辐合区，随后辐合区向西北方向移动，20时结束。7月7日12时在海岛北部海口沿海地区出现海风辐合，19时海风辐合结束。海岛西北部临高地区16时出现海风辐合，20时结束。7月8日在海岛西北部临高沿海地区地区12时出现海风辐合，随后海风辐合区扩大到澄迈、海口沿海地区，20时结束。7月11日13时在海岛北部海口沿海地区出现海风辐合，随后海风辐合区扩大到澄迈、临高沿海地区，16时海风辐合区移动到海口和澄迈地区南部，19时辐合区退回到沿海地区，20时海风辐合结束。7月12日海岛西北部临高南部和澄迈西部12时出现海风辐合，14时消失；海口南部13时也出现海风辐合，15时消失；16时澄迈东部和海口西部地区出现海风辐合，然后向西移动，19时海风辐合结束。7月15日14时海岛北部海口、文昌、屯昌和定安地区出现海风辐合，形成东北—西南走向海风汇聚带，15时辐合区范围缩小至屯昌和定安地区，16时结束。7月28日在海岛西北部临高沿海地区地区11时出现海风辐合，随后海风辐合区扩大到澄迈、海口沿海地区，并向东南方向内陆推进，直到东部沿海地区，20时结束。7月29日14时在海岛北部海口地区出现海风辐合，18时海风辐合结束。

（四）10月海风辐合区特征

2010年10月大规模海风辐合区仅出现1次。10月24日14时在海岛东部文昌和琼海沿海地区出现海风辐合，18时海风辐合结束。

综上所述，海南夏季盛行偏南夏季风，秋冬季盛行东北季风；春季属于过渡季节，盛行偏东风和偏南风。春季和夏季海风辐合发生频繁，而秋冬季海风辐合频率较低。盛行气流发生绕流后，如果海岛东部气流强盛，则在海岛西北沿海地区形成海风辐合；如果海岛西部气流强盛，则在海岛东部沿海地区形成海风辐合。因此，一般春季和夏季在海岛西北沿海地区形成海风辐合区，而秋冬季一般在海岛东部地区形成辐合区。冬季和夏季如果绕行气流强盛，海岛两侧气流能深入海岛北部内陆地区形成明显的东北—西南走向海风辐合区；如果两侧气流强度发生改变，则汇聚带会发生区域性移动。一般冬季盛行东北风，海岛西部气流较强，海风辐合区向东南方向移动；而夏季盛行偏南风，海岛东部气流较强，海风汇聚带向西北方向移动。另外，春季在海岛西南部东方地区还容易形成局部海风辐合。海口、澄迈、临高和东方地区海风辐合发生频率较高。

四、一次典型海陆风过程分析

（一）海陆风过程与天气型相关分析

为研究热带海岛地区海风汇聚带演变特征及影响因素，使用自动站气象资料，对 2010 年 9 月 2 日海南岛一次典型海陆风过程的海风汇聚带的时空变化、大气背景场和物理量场进行诊断分析，9 月海南岛副热带高压减弱南落，热带气旋活跃，盛行西南季风。2010 年 9 月 2 日海岛位于副热带高压脊线以南，同时海岛东北有热带气旋盘旋，受两者共同作用，海南及周边地区为下沉气流（如附图 A-6 所示，正表示下沉气流，负表示上升气流），当地天气形势稳定，天气晴朗，没有降水形成。由于海岛四周低，中部为山地，受地形影响，中部及南部海陆风比较复杂；而北部地形平坦，有利于形成海风汇聚带，因此本文主要分析海岛北部海陆风情况。随着天气型的演变，地面流场随之发生变化，从而导致海风风向的转变以及汇聚带的形成。根据自动站观测资料，0 时（北京时间，如无特殊说明下同）海岛均为离岸风，海岛中部形成一条东北—西南走向的辐散线。8 时左右陆地升温明显，北部海岸线海风环流首先发展起来，并迅速向内陆渗入；由于北部海风与系统风重叠，持续时间较长。11 时左右北部地区全部被西北风向海风控制，从西海岸线贯穿陆地直到东海岸线；而东南沿海海风风向与系统风风向相反，受到抵消，因此只有少量区域才开始出现海风。随后西北系统风减弱，东南沿海区域海风逐渐加强，14 时开始东南风向海风向内陆延伸，与西北风向海风在东南海岸线形成一条东北—西南走向的海风汇聚带。随着西北风向海风逐渐减弱，东南风向海风加强，海风汇聚带逐渐向西移动。21 时东北沿海地区海风结束，开始陆风阶段。因此西北部海岸线海风 10 时开始，直到 21 时结束，持续了 11h。海岛东侧海风风向与西北系统风风向相反，海风出现较晚，大概在 14 时才开始，21 时结束，持续了 7 个小时。

为了研究海陆风过程与大尺度天气系统相关性特征，本研究根据气象站每日 8 次海平面气压场和风场资料以及海南岛自动站逐时风场资料，对海南岛 2010 年 9 月 2 日逐时大气背景场和地面流场进行分析，大气背景场和地面流场见附图 A-7 和附图 A-8。

2 日 2 时热带辐合带东部水平切变较大的地区出现了气旋性涡旋环流，台湾地区东部气旋发展，海南岛位于南部副热带高压脊前部反气旋流场前沿区，受其影响，海南岛及周边地区为下沉气流控制，有利于污染物的汇聚，形成区域边界层污染物的汇聚带。受副热带高压和热带气旋共同影响，华南地区出现西北风，由于热带气旋距离海南岛较远，对海南岛影响较小，受海陆热力差异，海岛盛行陆风，均为离岸风。5 时台湾海峡热带气旋持续加强，受高压脊南部东风带引导气流影响，热带气旋向西移动逐渐向海南岛靠近，但是高压脊影响减弱，受热带气旋外围气流影响，再加上地形绕流作用，海岛北部出现西南风，东部出现西北风。

8时热带气旋减弱重新退回台湾海峡附近，海岛北部仍然为西南风，东部为西北风。11时高压脊减弱，热带气旋加强，重新控制海南岛；西北系统风与海风环流叠加，加大了西北气流流入岛内的速度，海岛北部和东北部表现为均一的西北风，开始海风阶段。而海岛东南部由于地形的绕流，西南季风转为东南风，海岛东南部开始出现东南风。14时热带气旋向西移动，东南风向海风加强，在陆地上形成海风汇聚带。17时副热带高压和热带气旋影响进一步减弱，东南风向海风进一步加强，海风汇聚带向北移动；同时南部山风与海风形成弱汇聚带。20时热带气旋加强，并向北移动，海风汇聚带继续向北移动。23时热带气旋减弱，西北风绕过海南岛，因此背景风对海岛影响较小，受海陆热力差异影响，海岛又出现陆风，开始陆风阶段。

（二）中尺度气象数值模式

数值模拟本文采用WRFV3版本模型和大尺度资料（NCEP 1°×1°）对夏季典型海陆风进行数值模拟，模式使用Mercator投影，模拟区域中心为19.2°N，109.8°E；采用45km×15km两重嵌套WRF模型，模拟范围包括海南岛全岛和雷州半岛部分地区。垂直方向为28层，顶层为50hp，底层加密，1km以下有15层。参数化方案中采用Kessler等微物理过程方案；近地层物理过程采用MYJ Monin-Obukhov方案；陆面过程采用Noah方案；边界层采用Eta Mellor-Yamada-JanjicTKE湍流动能方案；积云参数化采用Grell-Devenyi集合方案。模拟时间为2010090120—2010090301共30h，最长时间步长为200s。

由于海洋与陆地表面性质不同，海陆温差是海陆风形成的主要物理机制。海岛温度存在明显的周期性日变化特征，凌晨陆地温度最低，然后温度缓慢升高，由于陆地温度低于海洋温度，因此海岛盛行陆风。太阳出来以后，随着太阳辐射的加强，陆地温度增速加快，10 时当陆地温度高于海洋温度时，海岛开始盛行海风；12—16 时陆地温度达到最高，海陆温差加大，海风逐渐向内陆推进。随后陆地温度开始下降，20 时当陆地温度重新低于海洋温度时，海岛重新盛行陆风；夜间温度达到低点。海陆温度变化与海陆风的起止时间比较一致。

根据站点数据，海岛两侧海风的生消时间、海陆风强度以及海陆风环流的水平范围具有差异。受热带气旋外围气流和地形绕流影响，海风在海岛北部首先发展起来，西北向海风一直控制全岛直到 14 点，但是地面风速较小，为 1～2m/s；14 时以后海岛东部海风逐渐加强，海风风速明显加强，东南部地面最大海风风速达到 6m/s。采用 45×15 两重嵌套 WRF 模型进行数值模拟，地面风场数值模拟的风向变化与观测的风向变化趋势基本一致，能模拟出海岛海陆风的日变化过程，但是受系统误差影响，海岛西北部局部地区风速模拟值偏大。根据 WRF 模拟结果可反映海陆风环流的垂直分布，沿 110. 3°E，19. 6°N 时间—高度绘制剖面图（图 3-6）。在 110. 3°E，19. 6°N 的位置 11 点以前地面为西南风，高空为东北风，形成一个上下层完全相反的环流体；而 11 点以后地面转为东北风，高空转为西南风，形成另一个环流体。

海岛白天海风由四周向海岛辐合，夜间陆风则由海岛向四周辐散；下午海风辐合最强，造成上升气流，容易产生雷阵雨。但是 2010 年 9 月 2 日受热带气旋影响，属于下沉气流控制区，没有形成降水，不利于污染物的扩散。海风辐合使污染物向海岛中部汇聚，同时又通过两个环流系统使海岛污染物逐步积累。因此海风辐合带如果能形成降水，则有利于污染物的清除；如果受天气型和系统风的影响，辐合上升气流受到限制则会导致污染物积累。

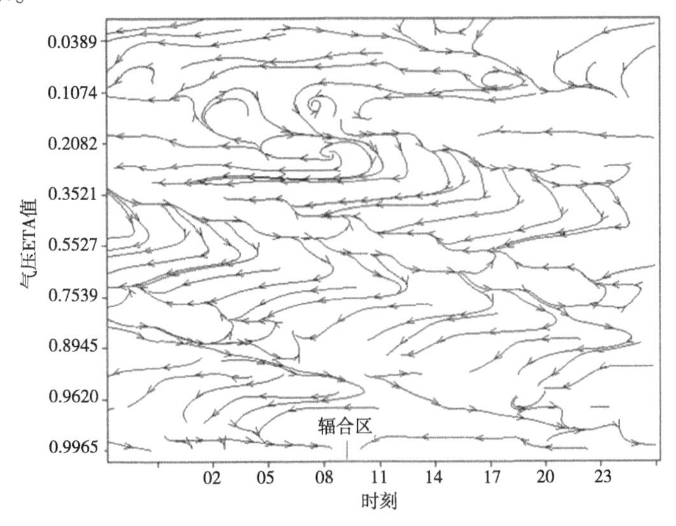

图 3-6　沿 110. 3°E，19. 6°N 时间—高度剖面图

第三节　热带海岛地区海陆风环境污染效应

一、热带海岛地区环境影响系数空间分布

本研究采用 CALPUFF 模型逐个模拟每个网格点源按每年排放 1 万吨污染物对周围环境的影响，将污染物最大落地网格浓度 24h 日均值定义为该网格的环境影响系数，环境影响系数越大，则该网格排放的大气污染物对环境影响越大。模拟范围为全岛，建立水平方向分辨率为 1km 以及垂直方向分辨率为 5km 的污染源网格；计算网格为水平方向和垂直方向均为 1km 的网格，气

象网格同计算网格。气象数据中高空气象资料采用 WRF 的动力降尺度模拟数据，地面数据采用 2010 年海南岛及周边地区 350 个自动观测站的逐日、逐时常规气象资料；由于地面数据分辨率将近 1km，因此可将 CALPUFF 模型气象误差降到最低。中架源和高架源环境影响系数如图 3-7 所示。

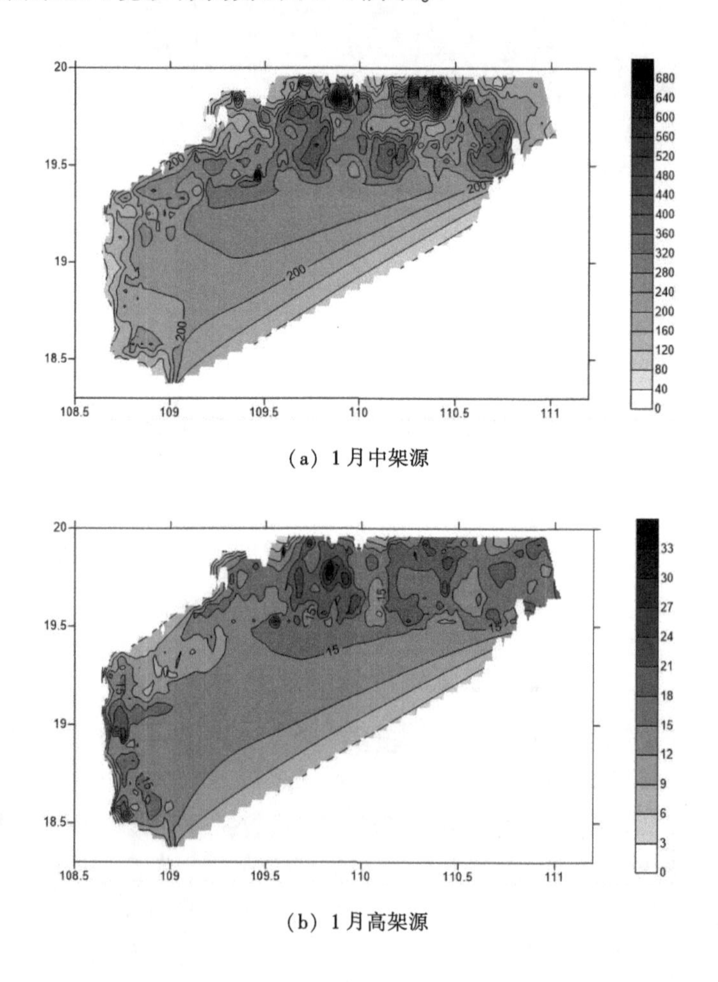

（a）1 月中架源

（b）1 月高架源

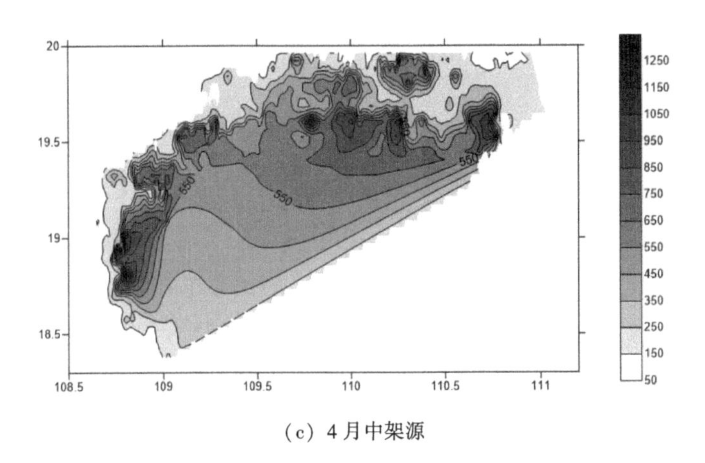

（c）4 月中架源

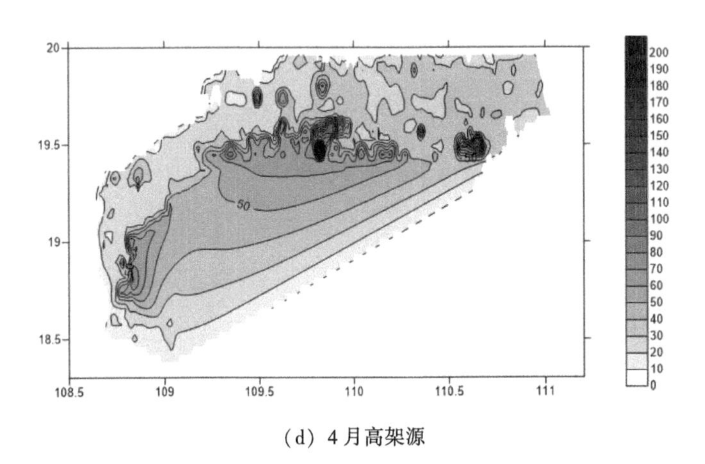

（d）4 月高架源

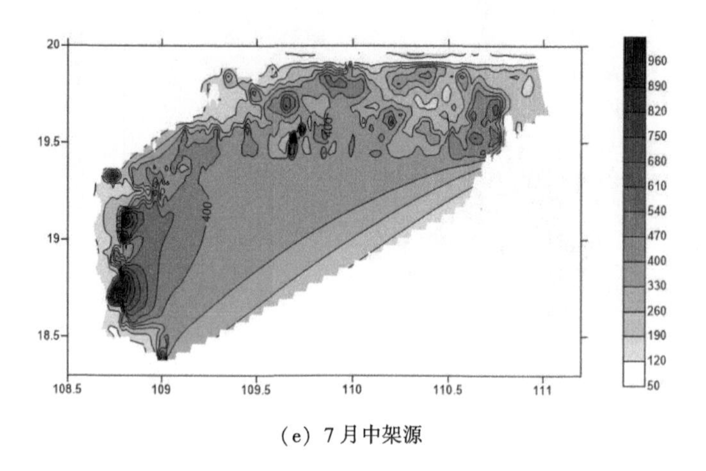

(e) 7月中架源

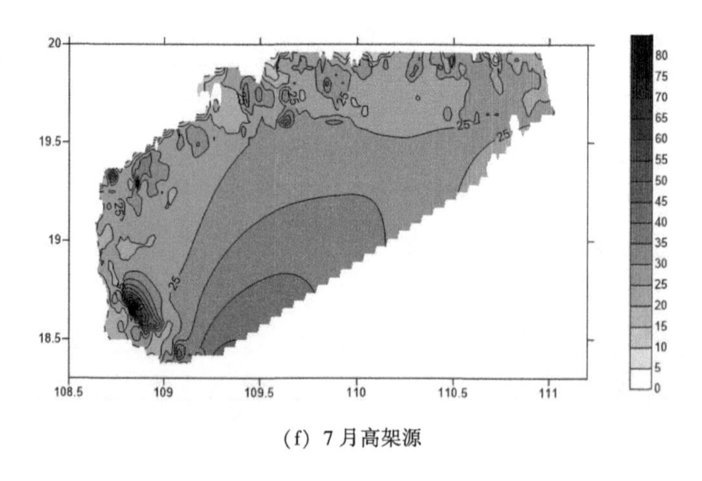

(f) 7月高架源

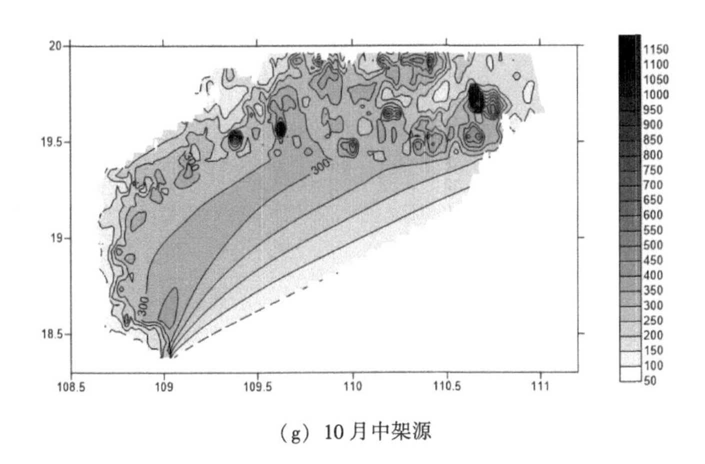

（g）10月中架源

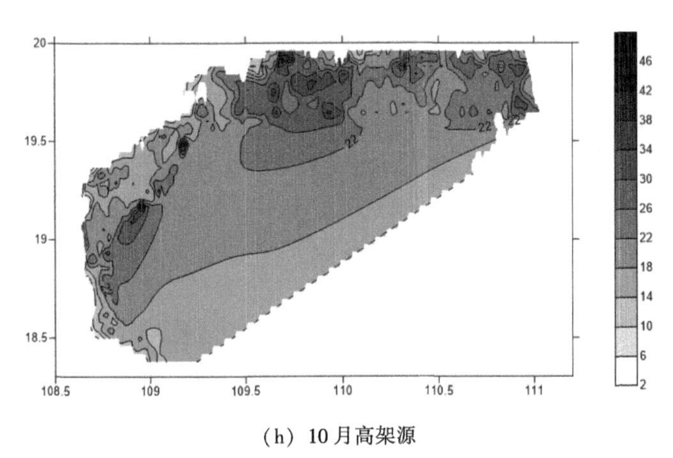

（h）10月高架源

图 3-7　高架源和中架源环境影响系数空间分布

（单位：μg/m^3·万 t）

海南岛中架源和高架源的环境影响系数存在明显的空间差异特征。海南岛海岸线较长，在海岸线附近，存在局部海风辐合区，因此高架源和中架源在海岸线辐合区内环境影响系数都比海岸线辐合区周边区域的环境影响系数大，并且海岸线附近环境影响系数等值线的走势与海岸线走势保持一致。海南岛中部高，四周低，在山前也容易形成风场辐合，山前辐合区内环境影响系数也较高，其等值线与山体走势保持一致。海南岛四面环海，在 1 月、4 月、7 月和 10 月期间，海南岛北部地区的环境影响系数都存在高值区，由于海南岛北部地区地势相对平坦，海风通过地形绕流效应易在北部地区形成海风辐合区，海风辐合区内污染物不容易扩散，导致该区域污染源环境影响系数较高。因此即使在 1 月和 10 月海陆风日较少的季节，海南岛北部地区依然存在环境影响系数高值区。而在海南岛西南部，由于海岸线和山体之间的平坦地区狭长，海风辐合区主要由海风和山风叠加形成，因此只有在 4 月和 7 月，背景风为偏南风时，海南岛西南部才会形成环境影响系数高值区，而且海南岛西南地区环境影响系数极值要大于海南岛北部地区的极值。环境影响系数高值区分布区域与海风辐合区频发分布区域相一致，因此，海南岛地形特征和气象特征决定了海风辐合特殊性，从而影响环境影响系数的变化情况。

除了空间差异，排气筒的高度对环境影响系数也有较大影响。高架源环境影响系数与中架源环境影响系数比较，中架源受地面风场影响较大，而且中架源排放的污染物不容易扩散，因此中架源环境影响系数远大于高架源环境影响系数。并且高架源环境影响系数空间差异较小，而中架源环境影响系数空间差异较大，因此污染物空间位置的选择对于中架源的布局更为重要。1 月东北季风强盛，风速较大，污染物扩散条件良好，因此1月高架源和中架源环境影响系数极值较低；而4月和7月夏季风风速较小，污染物扩散条件较差，因此4月和7月高架源环境影响系数极值较高；但是中架源受海陆风影响，环境影响系数极值较高。

由于点源环境影响系数取的是不利气象条件下点源周边网格最大浓度值，而点源周边网格最大浓度值基本集中在污染源附近，所以点源环境影响系数数值都偏高。

环境影响系数较大区域除地形因素以外，海风辐合也是其重要原因。4月海南岛北部沿海周边地区中架源环境影响系数最大值出现时间为4月11日，而该日正好北部地区出现大规模海陆风辐合。北纬19.61°高浓度值出现时间大部分为4月11日（第101日），说明海陆风辐合带的移动会造成大范围的环境影响。

二、一次典型海陆风过程的环境污染效应

采用WRF-CALPUFF模型系统，模拟2010年9月2日海南岛在海陆风环流影响下，点源污染源所排放的污染物24小时最大落地浓度分布情况。

为研究海陆风的辐合区对污染物扩散的影响，沿19.9°N从109.7°E到110.9°E均匀布置7个虚拟点源，污染源坐标分别为（19.9°N，109.7°E），（19.9°N，109.9°E），（19.9°N，110.1°E），（19.9°N，110.3°E），（19.9°N，110.5°E），（19.9°N，110.7°E），（19.9°N，110.9°E）；源强排放量为1万t/年；网格左下角坐标为（19.16°N，108.54°E），污染源分布如图3-8所示。取网格浓度前50个数据以及出现时间进行分析，污染物扩散结果时间分布如图3-9所示。根据图3-9所示，最大浓度网格出现时间集中在17时，这段时间与海风汇聚带形成时间比较一致。由于16时以后受海风汇聚带影响，

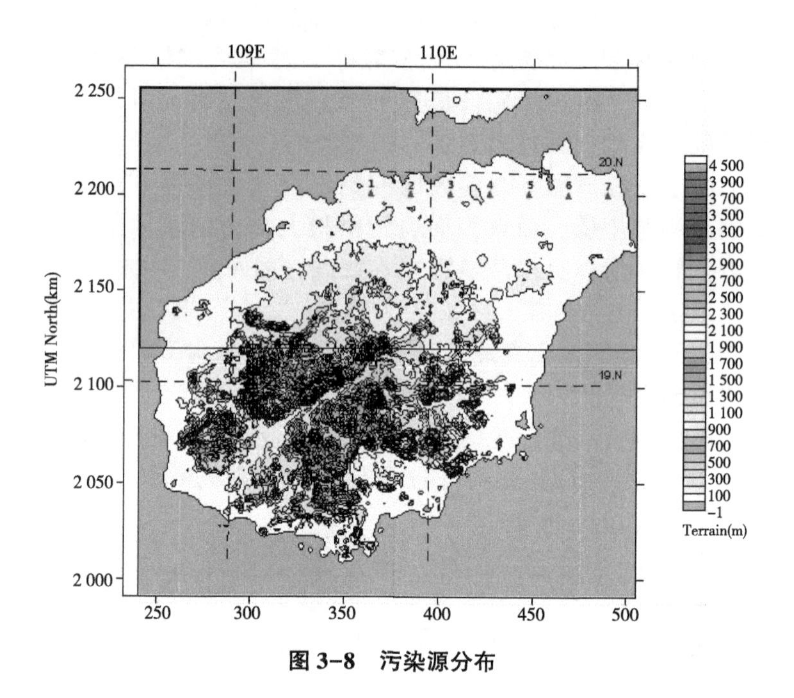

图 3-8 污染源分布

污染物水平扩散受到限制，造成污染源附近污染物浓度较高，因此污染物最大落地浓度极值也集中在 17 时左右以及海风汇聚带附近，20100902 一天网格最高值前 10 个网格分布如图 3-10 所示。因此，海南岛北部海风辐合带的演变会造成区域性的环境污染。

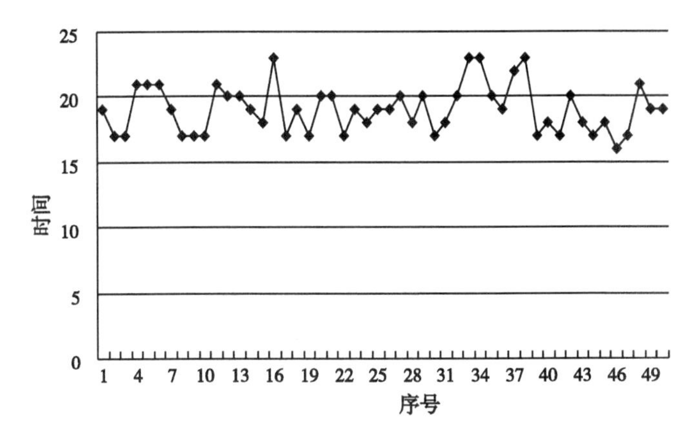

图 3-9　2010 年 9 月 2 日高浓度网格时间分布

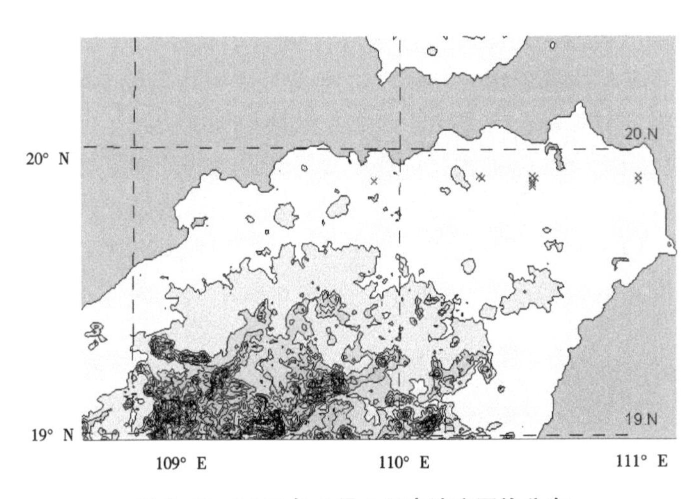

图 3-10　2010 年 9 月 2 日高浓度网格分布

第四节 小 结

1. 大陆冷高压、热带气旋、副热带高压和低压槽是影响海南省空气质量的主要天气型。热带地区大型高压脊天气系统及控制下的地方性流场汇聚是造成地区 API 积累及峰值形成的主要原因。

2. 边界层内的气压场直接影响区域性的大气环境质量，天气系统的变化与边界层气压场形势直接相关；环境重污染过程和大尺度天气型演变有较好的相关性，夏秋季节副热带高压和台风形成的高压均压场对污染物有累积效应，台风系统外层区大气环境背景场非常有利于污染物的累积，出现污染物的汇聚，经常是 PM_{10} 峰值或较重污染物浓度出现区域，是该区域内城市形成重污染现象的主要原因，而其周边流场对区域污染物有输送作用。夏秋季节热带辐合带北抬，西太平洋热带气旋活跃，带来的强降水有利于污染物的清除，但是热带气旋边缘的外围周边地区是气流下沉区域，容易导致污染物积累造成大气污染。20080912—20080919 一次典型环境污染过程分析，发现热带中尺度海岛地区环境污染过程与热带大型天气组合系统形成的大气背景场有明显的对应关系。

3. 海岛南部气象站比北部气象站海陆风日多，海岛东线海口站、琼海站、万宁站和陵水站海陆风日逐渐增加，海岛西线海口站、临高站和东方站海陆风日也逐渐增加。

4. 海南春季和夏季海风辐合发生频繁，而秋冬季海风辐合频率较低。春季和夏季一般在海岛西北沿海地区形成海风汇聚带，而秋冬季一般在海岛东部地区形成汇聚带。冬季和夏季如果绕行气流强盛，海岛两侧气流能深入海岛北部内陆地区形成明显的东北—西南走向海风汇聚带；如果两侧气流强度发生改变，则汇聚带会发生区域性移动。另外，春季在海岛西南部东方地区还容易形成局部海风辐合。海口、澄迈、临高和东方地区海风辐合发生频率较高。

第四章　热带海岛地区敏感源识别与功能分区

通过敏感源识别和敏感源区域筛选，确定适合发展工业的区域；综合考虑大尺度天气型和中尺度海陆风对污染物扩散条件的影响，结合敏感源识别结果，进行工业功能区调整。

第一节　海南省源解析

敏感源区域是指单位排放污染源强对环境浓度贡献大的污染源区域。敏感源区域和非敏感源区域排放的污染物对污染物浓度的贡献值差异较大，前者贡献较大，后者贡献较小，因此在非敏感区域布局工业区，在敏感源区域削减污染源排放量，对改善目标城市的空气质量和区域规划具有重要的实际意义。通过敏感性分析，可以筛选出对目标城市空气质量影响比较大的污染源区域，对于这些区域，应尽可能减少工业布局和加强污染控制；而对于那些非敏感区域则适合布局相应工业企业。区域敏感源筛选识别结果可以为控制城市大气污染、制定合理的污染物减排方案以及工业布局提供科学依据。城市敏感源区域筛选识别结果可以为大气区域联合防控，制定合理的污染物减排方案以及合理的城市空间布局提供科学依据。城市大气敏感源是指对目标城市大气污染物浓度贡献大的污染源的类型。大气敏感源的识别是有效控制大气颗粒物浓度的关键。

本文采用细颗粒物来源识别方法（PSAT），将污染源类型分为农牧源、电厂、民用燃烧、机动车排放源、工业源和无组织扬尘六种类型排放源，对海南省内 5 个典型城市的细颗粒物敏感源区域和敏感源进行了解析。海南省内污染物传输源解析过程仅考虑工业、电力、居民、交通和农业五类源对目标城市空气质量的影响。

一、外来源对海南 $PM_{2.5}$贡献率

海南省环境空气质量旱季（1 月）受周边地区影响较大，外来源贡献率达到 53%左右，其中广东地区贡献率达到 52%，广西地区贡献率为 1%左右。雨季（7 月）海南省受外来源影响降低，外来源贡献率为 33%；其中广东地区贡献率为 15%，广西地区贡献率达到 18%。根据海南地区地面流场，1 月背景风为东北风，东北风会把华南污染物输入到海南，因此广东省贡献率较高。而 7 月背景风为偏南风，因此广西省贡献率较高。7 月外来输入源减少，本地源的贡献率明显提高。

7 月广西地区污染源对海南省各城市影响程度排序为东方、五指山、三亚、海口和琼海，广西地区对这 5 个城市细颗粒物浓度的贡献率分别为 23.0%、20.0%、17.0%、15.8%和 15.5%。广东地区对海南省各城市影响程度排序为海口、琼海、五指山、三亚和东方，广东地区对这 5 个城市细颗粒物浓度的贡献率分别为 16.6%、16.2%、15.2%、14.2%和 11.9%。总体上，广东地区污染源对海南省东线城市环境空气质量影响较大，而广西地区污染源对海南省西线城市空气质量影响较大。

二、本地源各行业对海南 $PM_{2.5}$ 贡献率

本地各类源对海南省空气质量的影响中，工业源贡献最大，达到30.6%；其次为居民源，贡献率为26.6%；电力源、交通源、农业源和扬尘的贡献率分别为10.7%、9.4%、6%和16.7%。

不考虑扬尘的影响，海口本地源中，工业源贡献率最大，其中工业贡献率为54.0%，居民26.9%，交通13.4%，农业5.7%。对于三亚市，南部地区本地源中工业贡献率为41.9%，居民32.7%，交通14.0%，农业11.3%。对于东方市，西南部地区本地源中电力贡献率为46.2%，工业贡献率为22.8%，居民21.0%，交通5.6%，农业4.4%。对于琼海市，东部地区本地源中工业贡献率为29.6%，居民44.1%，交通16.3%，农业10.0%。对于五指山市，中部地区本地源中工业贡献率为54.4%，居民26.9%，交通10.8%，农业7.9%。

由于海南工业较少，因此相对其他省区而言，海南省内各源区域中居民源对典型城市的 $PM_{2.5}$ 浓度贡献率都比较高。海口地区和南部地区工业较为集中，且工业多为中小型工业企业，排放大气污染物较多，因此对于海口市和三亚市的 $PM_{2.5}$ 浓度，相对于海南省其他源区，工业源贡献率较高。中部地区污染源主要集中在靠近海口的屯昌市和定安市，因此对于五指山市的 $PM_{2.5}$ 浓度，工业源贡献率也较高。海口地区、南部地区和东部地区旅游人口较多，因此对于海口市、三亚市和琼海市的 $PM_{2.5}$ 浓度，相对于海南省其他源区，交通源贡献率较高。西南地区属于工业重点发展区域，电力企业较多，因此对于东方市的 $PM_{2.5}$ 浓度，电力源贡献率最高，其次为工业源；由于该区域旅游人口少，所以交通源贡献率较低。南部地区和东部地区农业较发达，因此对于三亚市和琼海市的 $PM_{2.5}$ 浓度，相对于海南省其他源区，农业源

贡献率较高。

三、本地源各行业对海南 $PM_{2.5}$ 中一次污染物和二次污染物贡献率

海南 $PM_{2.5}$ 中，电力源和工业源对二次硫酸盐浓度贡献率最大，其中电力源贡献率为 46.7%，工业源贡献率为 51.0%。对于二次硝酸盐浓度，交通源贡献率最大，达到 77.1%；其次为电力源，贡献率为 15.9%；居民源贡献率为 6.7%，工业源贡献率为 0.3%。对于二次有机颗粒物浓度，工业源贡献率为 54.1%，交通源贡献率为 19.7%，居民源贡献率为 16.6%，电力源贡献率为 9.6%。对于铵盐浓度，工业源贡献率为 20.2%，交通源贡献率为 28.1%，居民源贡献率为 26.3%，农业源贡献率为 25.4%。$PM_{2.5}$ 一次排放物浓度，居民源贡献率为 53.1%，工业源贡献率为 34.6%，电力源贡献率为 8.5%，交通源贡献率为 3.8%。

根据海南省电力源、工业源、交通源、居民源和农业源对各污染物的贡献率，工业源和电力源对 SO_2 的贡献率达到 97.0%，因此两者对二次硫酸盐的贡献率也高，达到 97.7%。电力源、交通源和工业源对 NO_x 的贡献率分别为 36.0%、31.0% 和 28.0%，但是三者对二次硝酸盐的贡献率分别为 15.9%、77.1% 和 0.3%；即交通源排放的 NO_x 对二次硝酸盐转化率最高，而工业源排放的 NO_x 对二次硝酸盐转化率最低。这是因为工业源和电力源所排放的污染物中 SO_2 的比例也比较高，由于二次硫酸盐的转化速率高于二次硝酸盐的转化速率，因此工业源和电力源排放 NO_x 的二次硝酸盐转化率较低；而交通源排放的 NO_x 远高于 SO_2 的排放量，因此交通源排放 NO_x 的二次硝酸盐转化率较高。农业源排放的氨比例达到 88.0%，但是其对铵盐的贡献率与工业源、交通源和居民源对铵盐的贡献率相近。这说明农业源排放

的氨只有一部分转换成铵盐，而其他源排放的氨对铵盐的转化率较高。对于二次有机颗粒物，工业源排放的 VOCs 比例最高，其对二次有机颗粒物的贡献率也最高；电力源虽然排放的 VOCs 比例较低，但是对二次有机颗粒物的贡献率较高；而居民源排放的 VOCs 对二次有机颗粒物转换率较低。因此二次污染物的转化率取决于污染源排放的污染物的组成成分和结构比例。

第二节　海南省敏感源识别

一、环境敏感系数

环境敏感系数为源区域单位细颗粒物的排放量对海南省全区域环境空气浓度贡献值的平均值。海南省内各源区的敏感系数如表 4-1 所示。由表 4-1 可知，源区域的环境敏感系数排序依次为海口地区、东部地区（文昌、琼海、万宁）、西北部地区（昌江、东方、洋浦及儋州沿海地区）、中部地区（定安、屯昌、白沙、琼中、五指山、保亭）、南部地区（乐东、三亚、陵水）和西南部地区（临高、澄迈、儋州非沿海地区）。

表 4-1　源区域敏感系数　[（$\mu g/m^3$）/万 t]

源区域	南部	西北部	海口	东部	西南部	中部
均值	1.48	2.14	2.57	2.55	0.94	1.52

源区域环境敏感系数受大尺度天气型、中尺度海陆风、地形绕流和污染源空间分布四方面的影响。

（一）大尺度天气型

受大尺度天气型造成的下沉气流影响，下沉气流所在区域污染物不容易扩散，从而导致该区域内大气污染源的单位排放量对区域内环境空气浓度贡献比较高。大陆冷高压型天气型是影响海南省环境空气质量的主要天气型，大陆冷高压由北向南移动时，海南岛海口地区和东部地区位于东北季风迎风面，最容易受到大尺度天气型的影响。海口地区和东部地区的大气污染源受大陆冷高压下沉气流影响，大气污染源所排放的污染物不容易扩散；所以该地区大气污染源单位排放量造成区域内环境空气污染物浓度高。

（二）中尺度海陆风

受中尺度海陆风形成辐合区影响，辐合区内污染物不容易扩散，从而导致该区域内大气污染源的单位排放量对区域内环境空气浓度贡献比较高。海口地区以及西北地区中澄迈市和临高市海陆风发生频繁，容易形成局部海风辐合区，导致该区域内大气污染源的单位排放量对区域内环境空气浓度贡献比较高。同时，海口地区、东部地区中的文昌市以及西北地区中澄迈市和临高市位于海岛北部较平坦地区，受海岛东侧和西侧两侧海风同时影响，在该地区容易形成大型海风辐合区，并且随着两侧海风强度的变化，辐合区的位置表现出明显的移动性。当辐合区形成时，大气污染源所排放的污染物不容易扩散，从而导致局部大气污染物浓度过高；而当辐合区发生移动时，受影响区域进一步扩大，从而导致整个区域大气污染物浓度较高。由于海口地区、东部地区以及西北地区中澄迈市和临高市容易发生海风辐合，造成污染物汇聚，所以该地区大气污染源单位排放量造成区域内环境空气污染物浓度高。

（三）地形机械绕流

受地形形成的机械绕流影响，污染源较多的地区位于上风向时，污染源所排放的污染物容易扩散到其他地区，对下风向地区环境质量浓度贡献大；而当污染源较多的地区位于下风向时，受风场辐合影响，大气污染源排放的污染物又不容易扩散，对本地区环境空气质量浓度贡献大，因此污染源较多的区域受地形绕流影响，该区域内大气污染源的单位排放量对整个区域环境空气质量浓度贡献比较高。根据第二章海南省污染物空间分布图，海口地区、东部地区以及西北地区的澄迈市和临高市污染源比较集中，污染物排放量大。风向为偏南风时，盛行气流在海南岛南部发生机械绕流现象；气流从海南岛南部两侧加速绕过海岛，然后在海南岛北部地区汇合形成辐合区，这段时间东部地区和西北部地区对海口空气质量影响较大。而当风向为偏北风时，盛行气流在海南岛北部发生绕流现象，气流从海南岛北部两侧加速绕过海岛，然后在海南岛南部地区汇合形成辐合区，这段时间海口地区、东部地区和西北地区对海南省东线和西线城市空气质量影响较大。因此，海口地区、东部地区和西北地区中澄迈市和临高市，这些区域内大气污染源的单位排放量对整个区域环境空气质量浓度贡献比较高。

（四）污染源空间分布

CAMx 模型是根据源清单的数据计算区域敏感系数，因此污染源的分布对区域敏感系数有较大影响。根据海南省大气污染物空间分布图可知，海南省工业源分布呈不均匀状态，西北地区污染源主要集中在西北内陆地区，而内陆地区大气污染物扩散条件没有沿海地区大气污染物扩散条件好，因此西北内陆地区大气污染源单位排放量对环境空气质量影响较大。高架源排放的大气污染物比低架源排放的大气污染物对环境影响小，而西北地区、海口和东部地区的污染源主要以低架源和无组织排放源为主，大气污染源单位排放量对环境空气质量影响较大。

西南地区的东方市工业源主要集中沿海地区，而这些地区大气污染物扩散条件较好，并且距离东方市海风辐合区主要地段有一定距离，同时污染源以高架源为主，因此东方市大气污染源单位排放量对环境空气质量影响较小。

综上所述，海口地区、东部地区和西北地区，这些区域位地势平坦，受大尺度天气型、中尺度海陆风以及地形机械绕流影响，该区域内大气污染源的单位排放量对整个区域平均质量浓度贡献比较高，因此海口地区、东部地区和西北地区环境敏感系数较高。而西南地区位于东北季风背风面，受大尺度天气型影响小；而且西南地区的东方市和昌江市受地形阻挡，污染物不容易向周边地区扩散；同时该区域污染源以高架源为主，因此区域内大气污染源的单位排放量对整个区域平均质量浓度贡献比较低，即西南地区环境敏感系数较低。西南地区在 4 月和 7 月会出现局部海风辐合区，由于海风辐合区出现频次有限，同时海风辐合区影响范围内工业较少，因此西南地区环境敏感系数较低。

二、污染物当量系数

由于细颗粒物由多种一次污染物和二次污染物组成，包括硫酸盐（SO_4^{2-}）、硝酸盐颗粒物（NO_3^-）、铵盐（NH_4^+）、二次有机气溶胶（SOA）和一次排放颗粒物（PM）等。其中硫酸盐由 SO_2 转化生成，硝酸盐由 NO_x 转化生成，二次有机气溶胶由 VOCs 转化生成。为研究污染物的联合控制，将 SO_2，NO_x 和 VOCs 转化成细颗粒物的一次排放物进行分析，即将各污染物对二次生成物的贡献浓度除以细颗粒物的一次排放物的贡献浓度，计算公式如下：

$$SO_2\text{ 当量系数}=\frac{\text{单位二氧化硫排放生成的二次硫酸盐浓度}}{\text{单位一次细颗粒物排放的}PM_{2.5}\text{贡献浓度}} \tag{4-1}$$

$$NO_x\text{当量系数}=\frac{\text{单位排放氮氧化物生成的二次硝酸盐浓度}}{\text{单位一次细颗粒物排放的}PM_{2.5}\text{贡献浓度}} \quad (4-2)$$

$$VOC_s\text{当量系数}=\frac{\text{单位排放 VOC 生成的二次有机颗粒物}}{\text{单位一次细颗粒物排放的}PM_{2.5}\text{贡献浓度}} \quad (4-3)$$

根据源解析结果，$PM_{2.5}$当量系数模拟结果如表 4-2 所示。

表 4-2　海南省各城市 $PM_{2.5}$当量系数模拟结果

当量系数	南部	西北部	海口	东部	西南部	中部	区域
SO_2	0.658	0.450	0.357	0.439	0.493	0.326	0.45
NO_x	0.01	0.049	0.094	0.102	0.051	0.099	0.08
VOCs	0.003	0.005	0.004	0.008	0.006	0.006	0.01

海南省二次硫酸盐转换率较高，而二次有机颗粒物转换率低。这主要是由于 CAMx 空气质量模型对于二次有机颗粒物生成及转化过程模拟较差，而对无机气溶胶模拟效果较好。海南省属于低纬度地区，温度较高，也有可能有利于促成无机盐的生成。海南省二次硫酸盐对细颗粒浓度的贡献率为 29.5%，二次硫酸盐与二次硝酸盐的比例为 19.6，这与深圳市和珠三角地区细颗粒物中二次转化物的组成比较一致。深圳市二次硫酸盐浓度为 27.8%，二次硫酸盐与二次硝酸盐的比例为 27.8；珠三角地区二次硫酸盐浓度为 33.0%，二次硫酸盐与二次硝酸盐的比例为 33.0。

整体来看，区域如果硫酸盐转换率高，则硝酸盐转化率低。细颗粒物中 NO_3^- 主要来源于 NH_3 和 HNO_3 发生气相反应生成 NH_4NO_3，但是当气态 HNO_3 和 H_2SO_4 同时存在的情况下，NH_3（g）更倾向于首先与 H_2SO_4（g）反应，因此只有在氨气过量的大气环境中细颗粒物中的硝酸按才会大量生成 。而海南湿度较高，有利于SO_2以非常快的液相反应（100%/h）生成液滴模态的硫酸盐，因此海南地区二次硫酸盐的浓度较高，SO_2的当量系数也较高；反之，NO_x的当量系数较低。根据第二章氨排放源的空间分布图，海南省海口地区、东部地区和中部地区氨排放较多，而这些地区二次硝酸盐贡献浓度高，NO_x的当量系数也较大。

第三节　海南省工业功能区调整

一、海南省工业布局现状

产业布局是城市空间结构的一个重要组成部分，调整城市产业布局对优化城市空间结构、带动区域经济发展和保护区域空气环境质量具有重要的作用和影响。根据《关于加快海南省新型工业发展的指导意见》，海南省产业发展目标是重点发展天然气与天然气化工、石油加工与石油化工、汽车制造及配件、林浆纸一体化等一批支柱产业。加快培育医药、电子信息、农产品加工、石英砂与玻璃制造等新的产业增长点。海南省工业布局的原则是，不同地区根据实际情况因地制宜，按照相对优势取向，推动产业集聚。海南省工业发展规划为：

海口地区（①号区域），海口工业区将充分发挥海口省会中心城市的资金技术人才和区位优势，建设以高新技术、信息产业为龙头，汽车、医药为重点的综合工业基地。

中部地区（②号区域），包括五指山、定安、屯昌、琼中、保亭和白沙等市县，根据资源条件，发展林、竹、藤制品等具有地方特色农林产品深加工业。

南部区域（③号区域），包括三亚、乐东等市县，发展旅游工艺品加工和蔬菜、水果保鲜加工等。

东部区域（④号区域），包括文昌、琼海、万宁等沿海市县，重点发展农产品加工、旅游工艺品、水产品加工、木材加工和家具业等轻工业，以及发展石英砂矿和钛铁矿的深加工业。

西部工业走廊（⑤号区域），是海南省工业的重点发展区域，包括澄迈、临高、儋州、昌江和东方等城市，以港口、铁路、工业园区为支撑，发展现代重（化）工业，推进清洁生产和循环利用，改造和提升传统产业。

根据各区域发展特点，海南将主要扶持海口（包括金盘和港澳工业园）、老城、洋浦、昌江和东方五大工业园区的发展，把工业园区建成为新型工业化载体。

大陆冷高压型天气型是影响海南省环境空气质量的主要天气型。当大陆冷高压由北向南移动时，海南岛海口地区、东部地区和西北地区最容易受到其影响，而随着大陆冷高压移动带来的东北风，会将华南地区的污染物带到海口地区和东部地区。海口地区和东部地区的污染源不仅受大陆冷高压下沉气流影响，污染物不容易扩散；而东北风还会带来华南地区的污染物使这三个地区污染物浓度升高，从而加剧大气污染。在东北季风影响下，海南岛东侧污染物受中部山地影响，污染物不容易扩散；而海岛西侧没有地形阻碍，污染物容易扩散到海洋上。因此西部地区发展工业对海南省环境空气质量影响小，而东部发展轻工业比发展重工业对环境空气质量影响小。海南省工业入园发展政策有利于发挥工业聚集效应，提高资源利用率，便于环境综合治理。

二、海南省工业功能区调整方案

（一）敏感源区域分布

根据敏感源筛选结果，海口地区和东部地区敏感系数最高，其中海口地区污染源每排放1万t污染物对海南省全区域的环境空气质量贡献浓度为2.57μg/m³，东部地区污染源每排放1万t污染物对海南省全区域的环境空气质量贡献浓度为2.55μg/m³；因此海口地区和东部地区大气污染源的单位排放量对整个区域平均质量浓度贡献比较大，为大气污染源敏感性较高的区域，即敏感源区域。西南地区敏感系数最低，西南地区污染源每排放1万t污染物对海南省全区域的环境空气质量贡献浓度仅0.94μg/m³；因此西南地区大气污染源的单位排放量对整个区域平均质量浓度贡献比较小，为大气污染源敏感性较低的区域，即非敏感源区域。西北地区污染源每排放1万t污染物对海南省全区域的环境空气质量贡献浓度为2.14μg/m³，中部地区污染源每排放1万t污染物对海南省全区域的环境空气质量贡献浓度为1.52μg/m³，南部地区污染源每排放1万t污染物对海南省全区域的环境空气质量贡献浓度为1.48μg/m³；西北地区、中部地区和南部地区大气污染源的单位排放量对整个区域平均质量浓度贡献介于海口地区、东部地区和西南地区之间，因此西北地区、中部地区和南部地区大气污染源敏感性介于敏感源区域和非敏感源区域之间，属于过渡区域。

（二）区域产业调整

根据各区域工业发展定位以及敏感源区域筛选结果，①号区域海口地区为敏感源区域，在该区域内大气污染源的单位排放量对整个区域环境空气质量浓度贡献比较大。海口地区原发展工业为汽车产业和制药产业，挥发性有机气体排放较高，工业发展环境成本极高；因此①号区域海口地区由原来的工业发展区调整为非工业发展区，应该限制该地区再增加新的大气污染型工业，本地汽车产业和制药产业远期考虑搬离。

②号区域为中部地区，在该区域内大气污染源的单位排放量对整个区域环境空气质量浓度贡献介于①号区域和⑤号区域之

间。中部地区原发展农林产品深加工业，对环境污染较小，但是中部地区大部分市县为生态保护区，为保护中部地区环境空气质量，因此将②号区域中部地区由原来的工业发展一般区调整为限制工业发展区。对于农林产品深加工工业，要严格限制工业规模；对于农林产品深加工以外的工业，限制其发展或搬离。

③号区域为南部地区，在该区域内大气污染源的单位排放量对整个区域环境空气质量浓度贡献介于①号区域和⑤号区域之间；南部地区原发展旅游工艺品加工和蔬菜、水果保鲜加工，这些工业对环境影响较小，但是南部地区为旅游地区，旅游产业在当地经济发展中所占比重较大，为保护南部地区旅游环境空气质量，因此将③号区域南部地区由原来的工业一般发展区调整为限制工业发展区。对于旅游工艺品加工和蔬菜、水果保鲜加工工业，严格控制工业发展规模；对于除旅游工艺品加工和蔬菜、水果保鲜加工以外的工业，限制其发展或搬离。

④号区域东部地区为敏感源区域，在该区域内大气污染源的单位排放量对整个区域环境空气质量浓度贡献比较大。东部地区原发展工业为轻工业，虽然轻工业没有重（化）工业对环境影响大，但是轻工业挥发性有机气体排放较高，而且东部地区文昌市离海口最近，相比其他区域对海口市空气质量影响最大。因此②号区域东部地区由原来的工业一般发展区也调整为非工业发展区，应该限制该地区再增加新的大气污染型工业，本地农产品加工、旅游工艺品加工、水产品加工、木材加工和家具业等轻工业远期考虑搬离。

原⑤号区域为西部地区，根据区域内部敏感系数不同，重新划分为新⑤号区域西北地区（包括东方、昌江、洋浦及周边沿海区域）和⑥号区域西南地区（包括澄迈、临高、儋州内陆地区）。其中⑥号区域西南地区为非敏感源区域，在该区域内大气污染源的单位排放量对整个区域环境空气质量浓度贡献较小。因此将⑥号区域可维持原来的工业重点发展区不变，继续发展工业。新⑤号区域西北地区，在该区域内大气污染源的单位排放量对整个区域平均环境空气质量浓度贡献比⑥号区域大，因此将新⑤号区域由原来的工业重点发展区调整为工业发展区，适合发展大气污染物排放较少的工业。

第四节　小　结

1. 周边区域大气污染源在旱季（1 月）海南省细颗粒物贡献率在 50%左右，旱季主要是受广东地区污染物远距离输送影响；雨季（7 月）周边区域大气污染源贡献率为 30%左右。其中雨季广东地区对海南省各地细颗粒物贡献率在 15%左右；广西地区对海南省各地细颗粒物贡献率在 18%左右。

2. 海南省污染源区域敏感性排序从高往低为海口地区、东部地区、西北地区、中部地区、南部地区和西南地区。在海口地区和东部地区，该区域内大气污染源的单位排放量对整个区域平均质量浓度贡献比较大；在西南地区，该区域内大气污染源的单位排放量对整个区域平均质量浓度贡献比较小。

3. 根据海南省各区域产业发展特点，将区域分为工业发展区、工业一般发展区、工业重点发展区和工业限制发展区。海口地区和东部地区现状分别为工业发展区和工业一般发展区，现调整为非工业发展区，原有产业逐步搬离。南部地区和中部地区现状为工业一般发展区，现调整为工业限制发展区，原有产业维持现状，不再扩大规模。西部地区分为西南地区和西北地区，西北地区和西南地区现状均为工业重点发展区，现分别调整为工业发展区和工业重点发展区。

第五章　热带海岛地区工业优化布局

热带海岛地区受热带天气系统影响，污染物扩散存在特殊性；同时海岛地区发展空间有限，优化工业布局对于高效利用土地资源，同时减少发展过程中对环境的影响具有重要意义。海南省是中国唯一的热带海岛地区，良好的生态环境是海南岛发展的基础，实施工业优化布局有利于预防工业发展过程中对环境的影响。通过建立区域主导产业筛选方法，进行区域产业结构优化；建立多污染物协同控制优化模型，确定区域各类型源污染物最大允许排放量；结合大尺度天气型和中尺度海陆风对污染物扩散条件的影响，根据敏感源识别结果，确定主导产业优化布局。

第一节　海南省污染物最大允许排放量及优化

一、污染物最大允许排放量一般模型

海南省大气环境质量较好，工业发展滞后，从区域长期发展考虑，在满足空气质量要求的条件下应保证工业源污染物允许排放量以促进当地的经济发展。因此建立区域工业源污染物允许排放量最大化，目标城市细颗粒物浓度达到环境空气质量标准的最大化模型。设 $t_j(j=1，2\cdots n)$ 是目标规划的决策变量，共有 m 个

约束条件，约束条件可能是等式约束，也可能是不等式约束，因此目标规划模型的一般数学表达式为：

$$\max t = \sum t_{jz}$$

$$s.t.\ \sum_{j=1}^{n} k_{ij} t_{jz} \leqslant c_0 - c_i (i = 1, 2 \cdots l; j = 1, 2 \cdots n) \quad (5-1)$$

$$t_{jz} \geqslant 0, k_{ij} \geqslant 0$$

二、海南省污染物最大允许排放量优化模型

（一）目标函数

设 $t_{jz}(j = 1, 2 \cdots n; z = 1, 2 \cdots l)$ 为各源区域污染物排放量，其中 j 分别为南部、西北部、海口、东部、西南部和中部 6 个源区域；z 分别表示工业、电力、居民和交通源四类源；t 为工业源污染物排放量之和。在满足空气质量标准的条件下，以各区域工业最大允许排放量最大化为目标函数，则目标函数为：

$$\begin{cases} \max t_{PPM_{2.5}} = \sum t_{j1,\ PPM_{2.5}} \\ \max t_{SO_2} = \sum t_{j1,\ SO_2} \\ \max t_{NO_x} = \sum t_{j1,\ NO_x} \\ \max t_{VOCs} = \sum t_{j1,\ VOCs} \end{cases} \quad (5-2)$$

由于 $PM_{2.5}$是由污染源排放的 SO_2、NO_x、一次 $PM_{2.5}$、NH_3、VOCs 等多种污染物经化学转化形成，因此 $PM_{2.5}$最大允许排放量又可细分为一次 $PM_{2.5}$和 SO_2、NO_x、NH_3、VOCs 等多种污染物二次生成物的最大允许排放量之和。考虑污染物联合协控，因此根据 $PM_{2.5}$环境质量要求由一次污染物和二次污染物联合计算一次污染物的最大允许排放量。

$$\max t = \sum_{j=1}^{6} t_{j1,\ PPM_{2.5}} + \sum_{j=1}^{6} d_{j1,\ SO_2} t_{j1,\ SO_2} +$$

$$\sum_{j=1}^{6} d_{j1,\ NO_x} t_{j1,\ NO_x} + \sum_{j=1}^{6} d_{j1,\ VOC} t_{j1,\ VOCs} \quad (5-3)$$

其中 $d_{j1,\ SO_2}$，$d_{j1,\ NO_x}$，$d_{j1,\ VOC}$ 分别为二氧化硫、氮氧化物、挥发性有机物转化成细颗粒物组成成分的当量系数。

$$d_{j1,\ SO_2} = \frac{j\text{ 源区单位二氧化硫排放生成的二次硫酸盐浓度}}{j\text{ 源区单位一次细颗粒物排放的}PM_{2.5}\text{ 贡献浓度}} \quad (5-4)$$

$$d_{j1,\ NO_x} = \frac{j\text{ 源区单位排放氮氧化物生成的二次硝酸盐浓度}}{j\text{ 源区单位一次细颗粒物排放的}PM_{2.5}\text{ 贡献浓度}} \quad (5-5)$$

$$d_{j1,\ VOCs} = \frac{j\text{ 源区单位排放 VOCs 生成的二次有机颗粒物}}{j\text{ 源区单位一次细颗粒物排放的}PM_{2.5}\text{ 贡献浓度}} \quad (5-6)$$

（二）空气质量约束

设 $k_{ji}(i=1,\ 2\cdots m)$ 为各源区 j 所排放污染物对目标城市 i 的敏感系数，即各源区排放 1 万 t 污染物对目标城市的贡献浓度；$t_j(j=1,\ 2\cdots m)$ 为各源区 j 污染物排放量；$c_i(i=1,\ 2\cdots m)$ 为各目标城市的浓度，则空气质量约束表达式为：

$$c_i \leqslant c_i^t \quad (i=1,\ 2\cdots m) \quad (5-7)$$

其中：

c_i^t——目标区域 i 的 $PM_{2.5}$的目标浓度。

2015 年海口市、东方市、三亚市、琼海市和五指山市的 $PM_{2.5}$的浓度分别为 22μg/m^3、22μg/m^3、17μg/m^3、21μg/m^{3}和 15μg/m^3，已提前实现“海南省大气污染防治行动计划”中的有关要求。但是根据环境空气质量标准中 $PM_{2.5}$的浓度要求，目前海南省五个城市中仅五指山市达到环境空气质量一级标准要求（$PM_{2.5}$年均值为 15μg/m³），其他城市仅达到环境空气质量二级标准（$PM_{2.5}$年均值为 35μg/m³）。为更好保护海南省环境空气质量，确保在发展工业的过程中能继续维持现有环境空气质量，而不会导致现有环境空气质量下降。通过区域联合防控以及优化本地现有污染物的排放，以增加新增工业的污染物的允许排放量。

根据海南省人民政府关于印发海南省大气污染防治实施方案（2016—2018 年），为实现海南省环境空气质量改善目标，海南省人民政府将在机动车污染治理、城市扬尘污染治理、挥发性有机物污染治理、餐饮业污染治理、船舶港口污染治理、面源污染治理、煤炭油品管控和工业大气综合整治等方面加大海南省环境空气防治工作，根据各项措施对环境空气质量改善的效果，如果采取最大控制潜势，海南省 $PM_{2.5}$浓度有较大下降空间。因此设置两个优化目标，第一个目标浓度为到 2020 年时，海南省各城市 $PM_{2.5}$浓度维持 2015 年现有水平。第二个目标浓度为到 2020 年时，海南省各城市 $PM_{2.5}$浓度在 2015 年基础上再下降 10%。

c_i——目标区域 i 的 $PM_{2.5}$的浓度，其中 i 分别表示海口、东方、三亚、琼海和五指山 5 个目标城市，下同；

$$c_i = c_{ben1,\ i} + c_{ben2,\ i} + c_{wai1,\ i} + c_{wai2,\ i} \tag{5-8}$$

其中：

$c_{ben1,\ i}$——为海南省工业源、电力源、交通源、居民源四类源对目标区域 i 的 $PM_{2.5}$贡献浓度；

$c_{ben2,\ i}$——为海南省除工业源、电力源、交通源、居民源四类源以外其他源对目标区域 i 的 $PM_{2.5}$贡献浓度；

$c_{wai1,\ i}$——为广西壮族自治区对目标区域 i 的 $PM_{2.5}$贡献浓度；

$c_{wai2,\ i}$——为广东省对目标区域 i 的 $PM_{2.5}$贡献浓度。

（1）$c_{ben1,\ i}$

$$c_{ben1,\ i} = \sum_{j=1}^{6}\sum_{z=1}^{4} k_{jzi,\ \mathrm{PPM_{2.5}}} t_{jz,\ \mathrm{PPM_{2.5}}} + \sum_{j=1}^{6}\sum_{z=1}^{4} k_{jzi,\ \mathrm{SO_2}} t_{jz,\ \mathrm{SO_2}} + \sum_{j=1}^{6}\sum_{z=1}^{4} k_{jzi,\ \mathrm{NO}_x} t_{jz,\ \mathrm{NO}_x} + \sum_{j=1}^{6}\sum_{z=1}^{4} k_{jzi,\ \mathrm{VOCs}} t_{jz,\ \mathrm{VOCs}} (i = 1,\ 2 \cdots m;\ ) \tag{5-9}$$

其中：

$k_{jzi,\ \mathrm{PPM_{2.5}}}$ ——源区域 j 行业 z 排放一次细颗粒物对目标区域 i 的敏感系数，j 分别为南部、西北部、海口、东部、西南部和中部 6 个源区域，下同；

$t_{jz,\ \mathrm{PPM_{2.5}}}$ ——源区域 j 行业 z 一次细颗粒物的排放量，其中 z 分别表示工业源、电力源、居民源和交通源；

$k_{jzi,\ \mathrm{SO_2}}$ ——源区域 j 行业 z 所排放 1 万 t 二氧化硫对目标区域 i 的二次硫酸盐敏感系数；

$t_{jz,\ \mathrm{SO_2}}$ ——源区域 j 行业 z 的二氧化硫排放量；

$k_{jzi,\ \mathrm{NO}_x}$ ——源区域 j 行业 z 所排放 1 万 t 氮氧化物对目标区域 i 的二次硝酸盐敏感系数；

$t_{jz,\ \mathrm{NO}_x}$ ——源区域 j 行业 z 的氮氧化物排放量；

$k_{jzi,\ \mathrm{VOCs}}$ ——各源区域行业 z 所排放 1 万 t VOCs 对目标区域 i 的二次有机颗粒物敏感系数；

$t_{jz,\ \mathrm{VOCs}}$ ——源区域 j 行业 z 的 VOCs 排放量。

（2）$c_{ben2,\ i}$

$$c_{ben2,\ i} = c_{ben2,\ i}^{0} K_{ben2,\ i} \tag{5-10}$$

其中：

$c_{ben2,\ i}^{0}$ ——目标区域 i 除工业源、电力源、居民源、交通源外其他源的贡献浓度基准值；

$K_{ben2,\ i}$ ——目标区域 i 除工业源、电力源、居民源、交通源外其他源贡献的变化系数。

（3）$c_{wai1,\ i}$

$$c_{wai1,\ i} = c^{0}_{wai1,\ i}K_{wai1,\ i} \tag{5-11}$$

其中：

$c^{0}_{wai1,\ i}$——广西壮族自治区对目标区域 i 的贡献浓度基准值；

$K_{wai1,\ i}$——广西壮族自治区对目标区域 i 的贡献浓度变化系数。$K_{wai1,\ i} = 10\%$ 。

（4）$c_{wai2,\ i}$

$$c_{wai2,\ i} = c^{0}_{\mathrm{wai2},\ i}K_{\mathrm{wai},\ 2} \tag{5-12}$$

其中：

$c^{0}_{wai2,\ i}$——广东省对目标区域 i 的贡献浓度基准值；

$K_{wai2,\ i}$——广东省对目标区域 i 的贡献浓度变化系数。

$K_{wai2,\ \mathrm{i}} = 10\%$。

（三）本地源控制约束

本地源控制约束包括扬尘无组织源以及工业源、电力源、居民源、交通人为源。

1. 扬尘源

$$106.54\% < K_{ben2,\ i} < 140\% \tag{5-13}$$

扬尘源中土壤扬尘控制措施效率较低，而且海南省气候条件较好，土壤扬尘贡献率相对较低，因此本文不考虑土壤扬尘控制约束。道路扬尘、建筑施工扬尘和堆场扬尘应是海南省扬尘源控制重点。根据《海南省大气污染防治实施方案（2016—2018年）》（下文海南省本地源大气污染控制措施来源同此处），运输车辆无有效防尘措施不得上路，海口、三亚、儋州建成区机扫率达到85%，其他市县建成区机扫率应达到70%，道路不得有泥土、石子和明显灰尘。海南市政道路 2 188km，占等级公路8.6%，机扫措施细颗粒物降尘效率为10%左右，因此道路扬尘控制效率为0.86%。堆场扬尘采用洒水、围栏等措施，降尘效率为 52%~63%，根据海南省 2015 年企业环保检查结果，企业违规处罚率达到 36.8%，因此堆场扬尘控制效率为 21.16%。建筑扬尘采用洒水、覆盖、围栏等措施综合降尘效率为 30%，实施率 64.2%，因此建筑扬尘控制效率为 19.3%。建筑扬尘、道路扬尘、土壤扬尘和堆场扬尘所占总扬尘比例分别为：56.8%、31.5%、0.1% 和 11.6%。2015 年扬尘总控制效率可达到 13.66%，到 2020 年堆场扬尘和建筑扬尘完全按规范执行，扬尘尘总控制效率可达到 23.9%。

“十三五”期间海南省 GDP 每年增速为 7%，根据机动车增长情况以及建筑面积增长情况，得到 2020 年无组织扬尘约为 2015 年的 140%，则无组织扬尘排放量变化区间为106.54%~140%。

2. 工业

工业 SO_2变化区间：

$$\begin{cases} t_{11,SO_2}^0 \times 54\% \langle t_{11,SO_2} \langle t_{11,SO_2}^0 \times 100\% \\ t_{21,SO_2}^0 \times 68.9\% \langle t_{21,SO_2} \\ t_{31,SO_2}^0 \times 54\% \langle t_{31,SO_2} \langle t_{31,SO_2}^0 \times 100\% \\ t_{41,SO_2}^0 \times 54\% \langle t_{41,SO_2} \langle t_{41,SO_2}^0 \times 100\% \\ t_{51,SO_2}^0 \times 68.9\% \langle t_{51,SO_2} \\ t_{61,SO_2}^0 \times 54\% \langle t_{61,SO_2} \langle t_{61,SO_2}^0 \times 100\% \\ t_{11,SO_2} + t_{21,SO_2} + t_{31,SO_2} + t_{41,SO_2} + t_{51,SO_2} + t_{61,SO_2} \\ \langle (t_{11,SO_2}^0 + t_{21,SO_2}^0 + t_{31,SO_2}^0 + t_{41,SO_2}^0 + t_{51,SO_2}^0 + t_{61,SO_2}^0) \times 127.6\% \\ t_{11,SO_2} + t_{21,SO_2} + t_{31,SO_2} + t_{41,SO_2} + t_{51,SO_2} + t_{61,SO_2} \rangle \\ (t_{11,SO_2}^0 + t_{21,SO_2}^0 + t_{31,SO_2}^0 + t_{41,SO_2}^0 + t_{51,SO_2}^0 + t_{61,SO_2}^0) \times 68.9\% \end{cases} \tag{5-14}$$

工业 NO_x 变化区间：

$$
\begin{cases}
t^0_{11,NO_x} \times 33\% \langle t_{11,NO_x} \langle t^0_{11,NO_x} \times 100\% \\
t^0_{21,NO_x} \times 42.1\% \langle t_{21,NO_x} \\
t^0_{31,NO_x} \times 33\% \langle t_{31,NO_x} \langle t^0_{31,NO_x} \times 100\% \\
t^0_{41,NO_x} \times 33\% \langle t_{41,NO_x} \langle t^0_{41,NO_x} \times 100\% \\
t^0_{51,NO_x} \times 42.1\% \langle t_{51,NO_x} \\
t^0_{61,NO_x} \times 33\% \langle t_{61,NO_x} \langle t^0_{61,NO_x} \times 100\% \\
t_{11,NO_x} + t_{21,NO_x} + t_{31,NO_x} + t_{41,NO_x} + t_{51,NO_x} + t_{61,NO_x} \\
\langle (t^0_{11,NO_x} + t^0_{21,NO_x} + t^0_{31,NO_x} + t^0_{41,NO_x} + t^0_{51,NO_x} + t^0_{61,NO_x}) \times 127.6\% \\
t_{11,NO_x} + t_{21,NO_x} + t_{31,NO_x} + t_{41,NO_x} + t_{51,NO_x} + t_{61,NO_x} \rangle \\
(t^0_{11,NO_x} + t^0_{21,NO_x} + t^0_{31,NO_x} + t^0_{41,NO_x} + t^0_{51,NO_x} + t^0_{61,NO_x}) \times 42.1\%
\end{cases}
\tag{5-15}
$$

工业 VOCs 变化区间：

$$
\begin{cases}
t^0_{11,VOC_s} \times 42\% \langle t_{11,VOC_s} \langle t^0_{11,VOC_s} \times 100\% \\
t^0_{21,VOC_s} \times 53.6\% \langle t_{21,VOC_s} \\
t^0_{31,VOC_s} \times 42\% \langle t_{31,VOC_s} \langle t^0_{31,VOC_s} \times 100\% \\
t^0_{41,VOC_s} \times 42\% \langle t_{41,VOC_s} \langle t^0_{41,VOC_s} \times 100\% \\
t^0_{51,VOC_s} \times 53.6\% \langle t_{51,VOC_s} \\
t^0_{61,VOC_s} \times 42\% \langle t_{61,VOC_s} \langle t^0_{61,VOC_s} \times 100\% \\
t_{11,VOC_s} + t_{21,VOC_s} + t_{31,VOC_s} + t_{41,VOC_s} + t_{51,VOC_s} + t_{61,VOC_s} \\
\langle (t^0_{11,VOC_s} + t^0_{21,VOC_s} + t^0_{31,VOC_s} + t^0_{41,VOC_s} + t^0_{51,VOC_s} + t^0_{61,VOC_s}) \times 127.6\% \\
t_{11,VOC_s} + t_{21,VOC_s} + t_{31,VOC_s} + t_{41,VOC_s} + t_{51,VOC_s} + t_{61,VOC_s} \rangle \\
(t^0_{11,VOC_s} + t^0_{21,VOC_s} + t^0_{31,VOC_s} + t^0_{41,VOC_s} + t^0_{51,VOC_s} + t^0_{61,VOC_s}) \times 53.6\%
\end{cases}
\tag{5-16}
$$

工业 $PM_{2.5}$变化区间：

$$
\begin{cases}
t_{11,PPM_{2.5}}^{0} \times 45\% \langle t_{11,PPM_{2.5}} \langle t_{11,PPM_{2.5}}^{0} \times 100\% \\
t_{21,PPM_{2.5}}^{0} \times 63.8\% \langle t_{21,PPM_{2.5}} \\
t_{31,PPM_{2.5}}^{0} \times 45\% \langle t_{31,PPM_{2.5}} \langle t_{31,PPM_{2.5}}^{0} \times 100\% \\
t_{41,PPM_{2.5}}^{0} \times 45\% \langle t_{41,PPM_{2.5}} \langle t_{41,PPM_{2.5}}^{0} \times 100\% \\
t_{51,PPM_{2.5}}^{0} \times 63.8\% \langle t_{51,PPM_{2.5}} \\
t_{61,PPM_{2.5}}^{0} \times 45\% \langle t_{61,PPM_{2.5}} \langle t_{61,PPM_{2.5}}^{0} \times 100\% \\
t_{11,PPM_{2.5}} + t_{21,PPM_{2.5}} + t_{31,PPM_{2.5}} + t_{41,PPM_{2.5}} + t_{51,PPM_{2.5}} + t_{61,PPM_{2.5}} \\
\langle (t_{11,PPM_{2.5}}^{0} + t_{21,PPM_{2.5}}^{0} + t_{31,PPM_{2.5}}^{0} + t_{41,PPM_{2.5}}^{0} + t_{51,PPM_{2.5}}^{0} + t_{61,PPM_{2.5}}^{0}) \times 127.6\% \\
t_{11,PPM_{2.5}} + t_{21,PPM_{2.5}} + t_{31,PPM_{2.5}} + t_{41,PPM_{2.5}} + t_{51,PPM_{2.5}} + t_{61,PPM_{2.5}} \rangle \\
(t_{11,PPM_{2.5}}^{0} + t_{21,PPM_{2.5}}^{0} + t_{31,PPM_{2.5}}^{0} + t_{41,PPM_{2.5}}^{0} + t_{51,PPM_{2.5}}^{0} + t_{61,PPM_{2.5}}^{0}) \times 63.8\%
\end{cases}
\tag{5-17}
$$

海南省石化、有机化工、医药、表面涂装、塑料制品、包装印刷、胶合板制造等重点行业挥发性有机物排放较多，通过 VOCs 减排，可有效降低大气中二次有机气溶胶的数量，也相应减少细颗粒物的浓度。虽然目前国家没有制定 VOCs 削减目标，但是海南 VOCs 排放较高，而且排放 VOCs 的企业多为中小型企业，通过技术改造，该类企业减排空间较大。根据文献，化工类企业 VOCs 控制潜力上限为 58%。由于化工行业是海南省工业 VOCs 的主要排放源，因此本研究以 58%作为海南工业 VOCs 的控制上限。海南省主要工业源包括石化、有机、医药等化工企业以及建材行业，对于此类工业源 SO_2、NO_x 与 $PM_{2.5}$，根据文献，最大控制潜力分别为 46.0%、67.0%和 55.0%。

根据“十三五”全省新型工业和信息化工作的主要目标，海南省工业增加值年均增 5.0%以上。如果仅考虑工业的增长，不考虑控制措施的加强，到 2020 年，工业排放将增加至 2015 年的 127.6%；如果考虑采用最先进的控制措施（即污染物减排达到最大控制潜力），到 2020 年，工业 SO_2 排放将是 2015 年的

68.9%，工业 NOx 排放将是 2015 年的 42.1%，工业 VOCs 排放将是 2015 年的 53.6%，工业 $PM_{2.5}$ 排放将是 2015 年的 63.8%。因此，海南全省 2020 年工业 SO_2、NO_x、VOCs、$PM_{2.5}$ 排放变化区间是 68.9% ~ 127.6%、42.1% ~ 127.6%、53.6% ~ 127.6%、63.8% ~ 127.6%。

由于海南西南、西北部为工业可发展区，其他地区（海口、东部、中部、南部）不能进一步发展工业。因此，在其他地区不应考虑工业的增长，如果也不考虑控制措施的加强，到 2020 年，其他四个地区工业排放将与 2015 年持平；如果考虑采用最先进的控制措施（即污染物减排达到最大控制潜力），到 2020 年，其他四个地区工业 SO_2 排放将是 2015 年的 54.0%，工业 NOx 排放将是 2015 年的 33.0%，工业 VOCs 排放将是 2015 年的 42.0%，工业 $PM_{2.5}$ 排放将是 2015 年的 45.0%。因此，其他四个地区 2020 年工业 SO_2、NO_x、VOCs、$PM_{2.5}$ 排放变化区间是 54.0% ~ 100.0%、33.0% ~ 100.0%、42.0% ~ 100.0%、45.0% ~ 100.0%。

3. 电力

电力 SO_2 变化区间：

$$
\begin{cases}
t_{22,SO_2} \rangle t^0_{22,SO_2} \times 54\% \\
t_{32,SO_2} \rangle t^0_{32,SO_2} \times 54\% \\
t_{52,SO_2} \rangle t^0_{22,SO_2} \times 54\% \\
t_{12,SO_2}+t_{22,SO_2}+t_{32,SO_2}+t_{42,SO_2}+t_{52,SO_2}+t_{62,SO_2} \\
\langle ((t^0_{12,SO_2}+t^0_{22,SO_2}+t^0_{32,SO_2}+t^0_{42,SO_2}+t^0_{52,SO_2}+t^0_{62,SO_2}) \times 100\% \\
t_{12,SO_2}+t_{22,SO_2}+t_{32,SO_2}+t_{42,SO_2}+t_{52,SO_2}+t_{62,SO_2} \rangle \\
(t^0_{12,SO_2}+t^0_{22,SO_2}+t^0_{32,SO_2}+t^0_{42,SO_2}+t^0_{52,SO_2}+t^0_{62,SO_2}) \times 54\%
\end{cases}
\qquad (5-18)
$$

电力 NO_x 变化区间：

$$
\begin{cases}
t_{22,NO_x} \rangle t_{22,NO_x}^{0} \times 51\% \\
t_{32,NO_x} \rangle t_{32,NO_x}^{0} \times 51\% \\
t_{52,NO_x} \rangle t_{22,NO_x}^{0} \times 51\% \\
t_{12,NO_x} + t_{22,NO_x} + t_{32,NO_x} + t_{42,NO_x} + t_{52,NO_x} + t_{62,NO_x} \langle \\
(t_{12,NO_x}^{0} + t_{22,NO_x}^{0} + t_{32,NO_x}^{0} + t_{42,NO_x}^{0} + t_{52,NO_x}^{0} + t_{62,NO_x}^{0}) \times 100\% \\
t_{12,NO_x} + t_{22,NO_x} + t_{32,NO_x} + t_{42,NO_x} + t_{52,NO_x} + t_{62,NO_x} \rangle \\
(t_{12,NO_x}^{0} + t_{22,NO_x}^{0} + t_{32,NO_x}^{0} + t_{42,NO_x}^{0} + t_{52,NO_x}^{0} + t_{62,NO_x}^{0}) \times 51\%
\end{cases}
\tag{5-19}
$$

电力 $PM_{2.5}$变化区间：

$$
\begin{cases}
t_{22,PPM_{2.5}} \rangle t_{22,PPM_{2.5}}^{0} \times 47\% \\
t_{32,PPM_{2.5}} \rangle t_{32,PPM_{2.5}}^{0} \times 47\% \\
t_{52,PPM_{2.5}} \rangle t_{22,PPM_{2.5}}^{0} \times 47\% \\
t_{11,PPM_{2.5}} + t_{21,PPM_{2.5}} + t_{31,PPM_{2.5}} + t_{41,PPM_{2.5}} + t_{51,PPM_{2.5}} + t_{61,PPM_{2.5}} \\
\langle (t_{11,PPM_{2.5}}^{0} + t_{21,PPM_{2.5}}^{0} + t_{31,PPM_{2.5}}^{0} + t_{41,PPM_{2.5}}^{0} + t_{51,PPM_{2.5}}^{0} + t_{61,PPM_{2.5}}^{0}) \times 100\% \\
t_{11,PPM_{2.5}} + t_{21,PPM_{2.5}} + t_{31,PPM_{2.5}} + t_{41,PPM_{2.5}} + t_{51,PPM_{2.5}} + t_{61,PPM_{2.5}} \rangle \\
(t_{11,PPM_{2.5}}^{0} + t_{21,PPM_{2.5}}^{0} + t_{31,PPM_{2.5}}^{0} + t_{41,PPM_{2.5}}^{0} + t_{51,PPM_{2.5}}^{0} + t_{61,PPM_{2.5}}^{0}) \times 47\%
\end{cases}
\tag{5-20}
$$

由于海南昌江核电项目已经开始发电，因此假设到 2020 年火力发电容量不再增加。对于已有排放，根据文献显示，随着控制技术的逐步提高，电力 SO_2、NO_x 与 $PM_{2.5}$的最大控制潜力约为 46.0%、49.0%和 53.0%。因此，到 2020 年，电力行业 SO_2、NO_x 与 $PM_{2.5}$ 排放的变化区间是 54.0%～100.0%、51.0%～100.0%、47.0%～100.0%。此外，由于 VOCs 主要来自化工等相关行业的排放，电力排放不考虑 VOCs 的减排，因此，在电力行业维持现状的情况下，假设 VOCs 排放不变化。

4. 居民

居民 SO_2变化区间：

$$\begin{cases} t_{13,SO_2}^0 \times 90\% < t_{13,SO_2} < t_{13,SO_2}^0 \times 120\% \\ t_{23,SO_2}^0 \times 90\% < t_{23,SO_2} < t_{23,SO_2}^0 \times 120\% \\ t_{33,SO_2}^0 \times 90\% < t_{33,SO_2} < t_{33,SO_2}^0 \times 120\% \\ t_{43,SO_2}^0 \times 90\% < t_{43,SO_2} < t_{43,SO_2}^0 \times 120\% \\ t_{53,SO_2}^0 \times 90\% < t_{53,SO_2} < t_{53,SO_2}^0 \times 120\% \\ t_{63,SO_2}^0 \times 90\% < t_{63,SO_2} < t_{63,SO_2}^0 \times 120\% \end{cases} \quad (5-21)$$

居民 NO_x 变化区间：

$$\begin{cases} t_{13,NO_x}^0 \times 90\% < t_{13,NO_x} < t_{13,NO_x}^0 \times 120\% \\ t_{23,NO_x}^0 \times 90\% < t_{23,NO_x} < t_{23,NO_x}^0 \times 120\% \\ t_{33,NO_x}^0 \times 90\% < t_{33,NO_x} < t_{33,NO_x}^0 \times 120\% \\ t_{43,NO_x}^0 \times 90\% < t_{43,NO_x} < t_{43,NO_x}^0 \times 120\% \\ t_{53,NO_x}^0 \times 90\% < t_{53,NO_x} < t_{53,NO_x}^0 \times 120\% \\ t_{63,NO_x}^0 \times 90\% < t_{63,NO_x} < t_{63,NO_x}^0 \times 120\% \end{cases} \quad (5-22)$$

居民 VOCs 变化区间：

$$\begin{cases} t_{13,VOC_s}^0 \times 90\% < t_{13,VOC_s} < t_{13,VOC_s}^0 \times 120\% \\ t_{23,VOC_s}^0 \times 90\% < t_{23,VOC_s} < t_{23,VOC_s}^0 \times 120\% \\ t_{33,VOC_s}^0 \times 90\% < t_{33,VOC_s} < t_{33,VOC_s}^0 \times 120\% \\ t_{43,VOC_s}^0 \times 90\% < t_{43,VOC_s} < t_{43,VOC_s}^0 \times 120\% \\ t_{53,VOC_s}^0 \times 90\% < t_{53,VOC_s} < t_{53,VOC_s}^0 \times 120\% \\ t_{63,VOC_s}^0 \times 90\% < t_{63,VOC_s} < t_{63,VOC_s}^0 \times 120\% \end{cases} \quad (5-23)$$

居民 $PM_{2.5}$ 变化区间：

$$\begin{cases} t^0_{13,PM_{2.5}} \times 90\% < t_{13,PM_{2.5}} < t^0_{13,PM_{2.5}} \times 120\% \\ t^0_{23,PM_{2.5}} \times 90\% < t_{23,PM_{2.5}} < t^0_{23,PM_{2.5}} \times 120\% \\ t^0_{33,PM_{2.5}} \times 90\% < t_{33,PM_{2.5}} < t^0_{33,PM_{2.5}} \times 120\% \\ t^0_{43,PM_{2.5}} \times 90\% < t_{43,PM_{2.5}} < t^0_{43,PM_{2.5}} \times 120\% \\ t^0_{53,PM_{2.5}} \times 90\% < t_{53,PM_{2.5}} < t^0_{53,PM_{2.5}} \times 120\% \\ t^0_{63,PM_{2.5}} \times 90\% < t_{63,PM_{2.5}} < t^0_{63,PM_{2.5}} \times 120\% \end{cases} \qquad (5-24)$$

对于餐饮行业，通过推广使用管道煤气、天然气、电等清洁能源，安装高效油烟净化设施并强化运行监管，严格限制城区露天烧烤；改善农村地区燃料结构，减少生物质燃烧，可减少居民源污染物的排放。根据海南总体规划（2015—2030），到 2020 年海南省人口总量将会达到 1 084 万人，与 2015 相比人口增长率为 20.0%。根据《海南省大气污染防治实施方案》（2016—2018 年），餐饮服务经营场所安装油烟净化设施并强化运行监管，2016 年，海口、三亚、儋州的城区餐饮服务经营场所油烟净化设施安装运行率达到 100%，其他市县城区餐饮服务经营场所油烟净化设施安装运行率达到 80.0%，全省所有市县建成区全面禁止露天烧烤；2017 年，所有市县城区餐饮服务经营场所油烟净化设施安装运行率达到 100.0%。到 2020 年居民源污染物排放量至少比 2015 年降低 20.0%，假设居民污染物排放量增长率与人口增长率相同，则居民源大气污染物排放区间为 96.0%~120.0%。

5. 交通

交通 NO_x 变化区间：

$$\begin{cases} t^{0}_{14,NO_x}\times 133\% < t_{14,NO_x} < t^{0}_{14,NO_x}\times 142.2\% \\ t^{0}_{24,NO_x}\times 133\% < t_{24,NO_x} < t^{0}_{24,NO_x}\times 142.2\% \\ t^{0}_{34,NO_x}\times 133\% < t_{34,NO_x} < t^{0}_{34,NO_x}\times 142.2\% \\ t^{0}_{44,NO_x}\times 133\% < t_{44,NO_x} < t^{0}_{44,NO_x}\times 142.2\% \\ t^{0}_{54,NO_x}\times 133\% < t_{54,NO_x} < t^{0}_{54,NO_x}\times 142.2\% \\ t^{0}_{64,NO_x}\times 133\% < t_{63,NO_x} < t^{0}_{64,NO_x}\times 142.2\% \end{cases} \tag{5-25}$$

交通 VOCs 变化区间：

$$\begin{cases} t^{0}_{14,VOCs}\times 56.3\% < t_{14,VOC_s} < t^{0}_{14,VOCs}\times 88.6\% \\ t^{0}_{24,VOC_s}\times 56.3\% < t_{24,VOC_s} < t^{0}_{24,VOCs}\times 88.6\% \\ t^{0}_{34,VOC_s}\times 56.3\% < t_{34,VOC_s} < t^{0}_{34,VOC_s}\times 88.6\% \\ t^{0}_{44,VOC_s}\times 56.30\% < t_{44,VOC_s} < t^{0}_{44,VOC_s}\times 88.6\% \\ t^{0}_{54,VOCs}\times 56.3\% < t_{54,VOC_s} < t^{0}_{54,VOCs}\times 88.6\% \\ t^{0}_{64,VOC_s}\times 56.3\% < t_{64,VOC_s} < t^{0}_{64,VOC_s}\times 88.6\% \end{cases} \tag{5-26}$$

交通 $PM_{2.5}$变化区间：

$$\begin{cases} t^{0}_{14,PM_{2.5}}\times 113.7\% < t_{14,PM_{2.5}} < t^{0}_{14,PM_{2.5}}\times 138.5\% \\ t^{0}_{24,PM_{2.5}}\times 113.7\% < t_{24,PM_{2.5}} < t^{0}_{24,PM_{2.5}}\times 138.5\% \\ t^{0}_{34,PM_{2.5}}\times 113.7\% < t_{34,PM_{2.5}} < t^{0}_{34,PM_{2.5}}\times 138.5\% \\ t^{0}_{44,PM_{2.5}}\times 113.70\% < t_{44,PM_{2.5}} < t^{0}_{44,PM_{2.5}}\times 138.5\% \\ t^{0}_{54,PM_{2.5}}\times 113.7\% < t_{54,PM_{2.5}} < t^{0}_{54,PM_{2.5}}\times 138.5\% \\ t^{0}_{64,PM_{2.5}}\times 113.7\% < t_{64,PM_{2.5}} < t^{0}_{64,PM_{2.5}}\times 138.5\% \end{cases} \tag{5-27}$$

对于交通源，通过控制机动车保有量；提升燃油品质，全省供应符合国家第五阶段标准的车用汽油、柴油；淘汰全省范围内的“黄标车”，大力推广使用新能源汽车等有效措施，可有效减少交通源污染物的排放。2014 年海南省交通源 VOCs 排放为 17 746t/年，NO_x 排放 31 882t/年，$PM_{2.5}$排放 1 450t/年；机动车保有量为 160.4 万辆。根据海南省机动车与 GDP 增长关系，到 2020 年，机动车新增 88.0 万辆；其中轻型客车、重型客车、轻型货车和重型货车分别增长 75.2 万辆、1.5 万辆、9.1 万辆和 2.2 万辆。如果将黄标车全部替换为国Ⅳ标准，2015—2020 年新增车辆执行国Ⅳ标准，则污染物 VOCs 排放为 15 726t/年，NO_x 排放 44 629t/年，$PM_{2.5}$排放 2 008t/年。如果黄标车全部替换为国Ⅴ标准，轻型车国Ⅱ标准之前车辆全部替换为国Ⅴ标准，摩托车全部执行过Ⅲ标准，2015—2016 年新增车辆执行国Ⅳ标准，2017—2020 年新增车辆执行过Ⅴ标准，行驶里程轻型客车按下限，则污染物 VOCs 排放为 9 992t/年，NO_x 排放 41 738t/年，$PM_{2.5}$排放 1 650t/年。机动车污染物排放具体计算方法见文献。2020 年期间机动车污染物排放变化情况如表 5-1 所示。

表 5-1 交通源污染物排放变化情况

污染物	VOCs	NO_x	$PM_{2.5}$
下限	56.3%	133.0%	113.7%
上限	88.6%	142.2%	138.5%

（四）主导产业优化模型

循环经济型主导产业分级评价模型首先是根据循环经济原理和主导产业选择基准，采用频度统计法、理论分析法和专家咨询法建立评价指标体系；然后根据单因子指标分级评分标准建立赋值体系，同时采用层次分析法建立指标权重，并根据综合分值评分标准对主导产业进行筛选。运用分级评价模型对海南省第二产业主导产业进行筛选，石油加工、炼焦及核燃料加工业，黑色金属矿采选业，医药制造业三个行业符合循环经济型主导产业的要求；石油与天然气开采业、非金属矿采选业、农副产业加工业以及黑色金属冶炼及压延加工业四个产业属于备选主导产业。

主导产业中大气污染物排放较多的工业类型为石油加工、炼焦及核燃料加工业，医药制造业，农副产品加工业，黑色金属冶炼及压延加工业。每个源区域工业源污染物最大允许排放量应为工业中主导产业和非主导产业大气污染物最大允许排放量之和。考虑到产业发展的不确定性，采用主导产业和非主导产业对整个区域的工业产值的贡献率确定各产业污染物的最大允许排放量。

$$t_{jz,\mathrm{PPM}_{2.5}} = \sum t_{jzp,\mathrm{PPM}_{2.5}} \tag{5-28}$$

$$t_{jz,\mathrm{SO}_2} = \sum t_{jzp,\mathrm{SO}_2} \tag{5-29}$$

$$t_{jz,\mathrm{NO}_x} = \sum t_{jzp,\mathrm{NO}_x} \tag{5-30}$$

$$t_{jz,\mathrm{voc}_s} = \sum t_{jzp,\mathrm{voc}_s} \tag{5-31}$$

其中：

$t_{jzp,\ \mathrm{PPM}_{2.5}}$——源区域 j 行业 z 产业 p 一次细颗粒物的排放量，其中 p 分别表示石油加工、炼焦及核燃料加工业，医药制造业，农副产品加工业，黑色金属冶炼及压延加工业；

$t_{jzp,\ \mathrm{SO}_2}$——源区域 j 行业 z 产业 p 的二氧化硫排放量，其中 p 分别表示石油加工、炼焦及核燃料加工业，医药制造业，农副产品加工业，黑色金属冶炼及压延加工业；

$t_{jzp,\ \mathrm{NO}_x}$——源区域 j 行业 z 产业 p 的氮氧化物排放量，其中 p 分别表示石油加工、炼焦及核燃料加工业，医药制造业，农副产品加工业，黑色金属冶炼及压延加工业；

$t_{jzp,\ \mathrm{VOC}_s}$——源区域 j 行业 z 产业 p 的 VOCs 排放量，其中 p 分别表示石油加工、炼焦及核燃料加工业，医药制造业，农副产品加工业，黑色金属冶炼及压延加工业。

$$t_{jzp,\ PPM_{2.5}} = t_{jz,\ PPM_{2.5}} \times k_{jzp} \tag{5-32}$$

$$t_{jzp,\ SO_2} = t_{jz,\ SO_2} \times k_{jzp} \tag{5-33}$$

$$t_{jzp,\ NO_x} = t_{jz,\ NO_x} \times k_{jzp} \tag{5-34}$$

$$t_{jzp,\ VOC_s} = t_{jz,\ VOC_s} \times k_{jzp} \tag{5-35}$$

其中：

k_{jzp}——产业 p 对所在源区域工业产值的贡献率。

三、优化结果及分析

基于第四章 WRF-CAMx-PSAT 数值模拟与环境监测数据，得到海南省 SO_2、NO_x 和 VOCs 对 $PM_{2.5}$一次排放物的当量系数分别为 0.45、0.08 和 0.01，即平均排放 1t SO_2对 $PM_{2.5}$浓度贡献相当于排放 0.45t $PM_{2.5}$一次排放对区域 $PM_{2.5}$浓度贡献；平均排放 1t NO_x 对 $PM_{2.5}$浓度贡献相当于排放 0.08t $PM_{2.5}$一次排放对区域 $PM_{2.5}$浓度贡献；平均排放 1t VOCs 对 $PM_{2.5}$浓度贡献相当于排放 0.01t $PM_{2.5}$一次排放对区域 $PM_{2.5}$浓度贡献。利用当量系数将优化得到的 SO_2、NO_x、VOCs、一次 $PM_{2.5}$最大允许排放量转化为 $PM_{2.5}$排放当量。各源区工业源、电力源、交通源和居民源四类源的污染物最大允许排放当量如表 5-2 所示，工业源中 SO_2、NO_x、一次 $PM_{2.5}$和 VOCs 最大允许排放量如表 5-3 所示。

表 5-2　目标一 $PM_{2.5}$最大允许排放当量　　（万 t/年）

类型	南部	西北部	海口	东部	西南部	中部	区域
工业	0.05	0.055	0.11	0.075	0.79	0.11	1.19
电力	—	0.05	0.013	—	0.044	—	0.107
居民	0.3	0.61	0.27	0.51	0.21	0.41	2.31
交通	0.027	0.032	0.05	0.042	0.012	0.034	0.197

表 5-3　目标一工业源多污染物最大允许排放量　（万 t/年）

污染物	南部	西北部	海口	东部	西南部	中部	区域
NO_x	0.10	0.10	0.23	0.15	2.53	0.23	3.34
SO_2	0.16	0.13	0.38	0.27	2.07	0.41	3.42
VOCs	0.28	0.27	0.64	0.47	5.23	0.68	7.57

到 2020 年，考虑工业源控制措施实施率为 90%，海南省各典型城市 $PM_{2.5}$浓度在 2015 年基础上再降 10%时，各源区工业源、电力源、交通源和居民源四类源的 $PM_{2.5}$最大允许排放量如表 5-4 所示，工业源中 SO_2、NO_x、VOCs 和 $PM_{2.5}$最大允许排放量如表 5-5 所示。根据优化结果，由于海南省南部地区、海口地区、东部地区限制工业发展，所以这三个地区的污染物排放量为基准排放量与采取最大控制潜力措施的减排量的差值；而西南地区的环境敏感系数低于西北地区的环境敏感系数，所以西北地区污染物的最大允许排放量低于西南地区污染物的最大允许排放量。由于受到区域污染物实际增长量的限制，当污染物减排量远高于增长量时，污染物的最大允许排放量为污染物实际增长量。当海南省各污染物采取最大控制潜力措施时，如果不考虑污染物的实际增长情况，污染物减排量超过污染物增长量；维持 2015 年环境空气质量目标时，工业源中 $PM_{2.5}$最大允许排放量可达 2.04 万 t，不利于有效控制污染物的排放，因此采用区域污染物最大增长量作为区域总的最大允许排放量。对于 NOx 和 VOCs，由于两者对 $PM_{2.5}$的当量系数太低，为避免当量转换计算值偏大，取其污染物最大增长量作为总的最大允许排放量。

表 5-4　目标二 $PM_{2.5}$最大允许排放当量　（万 t/年）

类型	南部	西北部	海口	东部	西南部	中部	区域
工业	0.05	0.055	0.11	0.075	0.48	0.11	0.88
电力	—	0.05	0.013	—	0.044	—	0.107
居民	0.3	0.61	0.27	0.51	0.21	0.41	2.31
交通	0.027	0.032	0.05	0.042	0.012	0.034	0.197

表 5-5　目标二工业源多污染物最大允许排放量　（万 t/年）

污染物	南部	西北部	海口	东部	西南部	中部
NO_x	0.10	0.10	0.23	0.15	1.54	0.23
SO_2	0.16	0.13	0.38	0.27	0.97	0.41
VOCs	0.28	0.27	0.64	0.47	3.19	0.68

根据海南省产业结构现状以及各源区域主导产业产值结构比例，到 2020 年时各源区域主导产业 $PM_{2.5}$最大允许排放当量如表 5-6 和表 5-7 所示，主导产业总 SO_2、NO_x 和 VOCs 最大允许排放量如表 5-8 所示。因此，到 2020 年，当海南省 $PM_{2.5}$浓度维持 2015 年水平时，海南省工业源 NO_x、SO_2、VOCs 和 $PM_{2.5}$最大允许排放量为 3.34 万 t/年、3.42 万 t/年、7.57 万 t/年和 1.19 万 t/年；到 2020 年，当海南省 $PM_{2.5}$浓度在 2015 年基础上降低 10%时，海南省工业源 NO_x、SO_2、VOCs 和 $PM_{2.5}$最大允许排放量为 2.35 万 t/年、2.32 万 t/年、5.53 万 t/年和 0.88 万 t/年。

表 5-6　目标一主导产业 $PM_{2.5}$ 最大允许排放当量　（万 t/年）

污染物	南部	西北部	海口	东部	西南部	中部
石油加工、炼焦及核燃料加工业	—	0.005	—	—	0.574	—
医药制造业	—	—	0.027	0.003	—	0.010
农副产品加工业	0.003	0.011	0.009	0.023	—	0.074
黑色金属冶炼及压延加工业	—	—	—	—	0.023	—

表 5-7　目标二主导产业 $PM_{2.5}$ 最大允许排放当量　（万 t/年）

污染物	南部	西北部	海口	东部	西南部	中部
石油加工、炼焦及核燃料加工业	—	0.005	—	—	0.349	—
医药制造业	—	—	0.027	0.003	—	0.010
农副产品加工业	0.003	0.011	0.009	0.023	—	0.074
黑色金属冶炼及压延加工业	—	—	—	—	0.014	—

表 5-8　主导产业多污染物最大允许排放量　（万 t/年）

产业	目标一			目标二		
	NO_x	SO_2	VOCs	NO_x	SO_2	VOCs
石油加工、炼焦及核燃料加工业	1.627	1.666	3.686	0.945	0.933	2.225
医药制造业	0.113	0.115	0.255	0.107	0.106	0.252
农副产品加工业	0.334	—	—	0.318	—	—
黑色金属冶炼及压延加工业	0.066	0.067	—	0.038	0.038	—

到 2020 年，当海南省 $PM_{2.5}$ 浓度维持 2015 年水平时，石油加工、炼焦及核燃料加工业，医药制造业，农副产品加工业，黑

色金属冶炼及压延加工业四个主导产业 $PM_{2.5}$ 最大允许排放量分别为 0.58 万 t/年、0.04 万 t/年、0.119 万 t/年和 0.023 万 t/年；到 2020 年，当海南省 $PM_{2.5}$ 浓度在 2015 年基础上降低 10%时，石油加工、炼焦及核燃料加工业，医药制造业，农副产品加工业，黑色金属冶炼及压延加工业四个主导产业 $PM_{2.5}$ 最大允许排放量分别为 0.354 万 t/年、0.04 万 t/年、0.119 万 t/年和 0.014 万 t/年。考虑敏感源区域产业的调整，西北部石油加工、炼焦及核燃料加工业可调整至西南部发展，海口和东部医药制造业和农副产品加工业可调整至西南部发展，调整后主导产业 $PM_{2.5}$ 最大允许排放量可维持不变，而西南地区可通过调节非主导产业 $PM_{2.5}$ 最大允许排放量获得主导产业所需要的 $PM_{2.5}$ 允许排放量。

第二节　海南省工业园主导产业优化布局

一、海南省工业园现状及评价

根据海南省产业规划，工业应进入工业园发展，海南省目前主要发展海口工业园（位于海口市）、老城工业园（位于澄迈市沿海地区）、洋浦工业园（位于儋州市沿海地区）、昌江工业园（位于昌江市）和东方工业园（位于东方市沿海地区）五个工业园。

（一）海南工业园现状

东方工业园区位于海南省东方市市区南部，濒临北部湾，是海南省规划建设的主要工业园区之一，同时也是国际旅游岛建设规划中明确的两大化工基地之一。园区规划面积 56.44km²，已建成区约 6.3km²，入驻企业 14 家。东方工业园区交通网络发达，区位优势明显。区域内有与国内外通航的深水良港——八所港，周边海域有丰富的油气资源，其中“东方1-1”气田，天然气储量达966.8亿m^3，年产24亿m^3，是我国第三大气田。园区是以油气化工、精细化工、能源产业为主，海洋产业和海洋工程装备制造业、边贸加工业及物流仓储等配套产业为辅的临港新型工业园区。

洋浦经济开发区位于海南省西部的洋浦半岛上，现有面积为31km^2，规划面积为120km^2。洋浦工业园是享受保税区政策的国家级开发区，区位优势和港口优势明显。园区毗邻东盟贸易区；靠近国际主航线；是距离南海石油天然气资源最近的工业基地。近海有丰富石油天然气资源，周边有石英砂等矿产资源。洋浦经济开发区按“面向东南亚的航运枢纽港、石油化工、浆纸一体化和油气储备基地”的“一港三基地”产业发展定位，采取“填海造地、大项目招商、港航物流”三位一体的互动开发模式，集约发展石油化工、制浆造纸、油气储备、航运物流等新型临港工业。

昌江工业园位于海南省西部昌江市石碌镇和叉河镇境内，属于国家级循环经济示范试点产业园区，园区规划总面积54.86km^2，建设用地总面积20.58km^2。工业区分叉河园区和太坡园区，其中叉河园区建设用地17.16km^2，规划主要以钢铁、冶炼、橡胶加工、石英砂加工、水泥生产、建材加工等产业为主；太坡园区建设用地3.42km^2，规划主要以农产品加工、高新技术、物流商住等产业为主。园区着力建设新型钢铁、生态建材、新能源和农产品加工四大产业集群。

老城开发区位于海南省西北部澄迈市，属于综合性省级工业开发区，开发区远景规划范围300km^2，近期规划建设用地面积56.72km^2（工业区规划建设用地面积36.88km^2），已开发建设面积20km^2。园区产业初具规模，开发区是海南省唯一有较齐全产业体系的开发区。园区已建立起能源项目体系、高科技项目体系、建材工业项目体系、一般工业项目体系、旅游项目体系、物流项目体系等六大项目体系，已形成以港口和省城为依托，以电力、石油、化工、玻璃深加工、建材、制药、食品、纺织、饲料、机电为重点的多门类新兴工业新城。主要产业群包括以石油、天然气、煤电技术、太阳能、生物质能等清洁能源为代表的能源和石油化工工业集群，以特种玻璃、特种钢材和无纺工业为代表的新型材料产业集群，以椰树集团、统一公司、通威股份和翔泰渔业为代表的食品加工产业集群，以及橡胶深加工产业集群。

海口市工业园包括金盘工业区和港澳工业开发区，总面积近15km^2，全区已形成了汽车、电子、制药、纺织、建材、家具、仪器、饮料，珠宝加工等行业构成的新兴工业体系，重点发展汽车产业、光纤通信、制药、食品饮料等产业。

（二）海南工业园评价

根据主导产业筛选结果，除采选业以外，主导产业和备选主导产业包括石油加工、炼焦及核燃料加工业，医药制造业、农副产业加工业以及黑色金属冶炼及压延加工业。从主导产业分布来看，目前石油加工、炼焦及核燃料加工业，位于东方工业园和洋浦工业园，黑色金属矿采选业和黑色金属冶炼及压延加工业位于东方工业园，医药制造业主要位于海口工业园，农副产业加工业大部分零散分布在原料基地。

从工业园工业发展水平来看，海口工业园和老城工业园建设时间最早，门类众多，缺乏总体规划，企业规模以中小型企业为主，排气筒大部分为中、低架源。而洋浦工业园和东方工业园建设时间虽然较晚，但是产业发展明确，依托南海石油天然气资源发展石油、天然气加工，企业规模大，生产工艺先进。昌江工业园依托当地铁矿资源，通过产业升级改造，提升资源价值，并通过采用先进技术以减少铁矿深加工过程中对环境的影响。

从发展空间来看，海口工业园位于海口市内，不仅发展空间受限，并且对海口市空气质量影响较大。对于西北地区的澄迈市和临高市，大部分大气污染源集中在非沿海地区，而内陆地区的污染源对周边环境影响较大，导致西北地区环境敏感系数大。根据第三章研究结果，澄迈市沿海地区以及儋州市沿海地区的环境影响系数都比较低，因此老城工业园、洋浦工业园等沿海地区比内陆地区更适合发展工业。

二、海南省工业园主导产业优化布局对策

由于主导产业是区域产业的发展方向，工业园是产业发展的载体，本文主要针对工业园现有主要产业进行规划调整。

海南省目前主要发展海口工业园、老城工业园、洋浦工业园、昌江工业园和东方工业园，其中海口工业园位于敏感源区域，老城工业园位于过渡区，洋浦工业园、昌江工业园和东方工业园位于非敏感源区域。

海口工业园位于环境敏感源区域，大气污染源单位排放量不仅对海南省区域环境空气质量影响较大，对海口市空气质量影响更大。由于海口市为海南省省会城市，同时容易受到大气污染物外来源影响，严格控制海口地区工业规模是保护海口市空气质量的关键。根据第四章工业功能区调整规划，海口地区由原来的工业发展区域调整为非工业发展区域，海口地区的工业应限制发展并逐步迁离。因此海口工业园近期考虑严格控制园区企业数量和规模，远期考虑逐步迁出大气污染物排放量较大的企业；对于医药制造业，可逐步向老城工业园和洋浦工业园转移。

老城工业园位于西北地区的澄迈市，根据工业功能区调整规划，西北地区由原来的工业重点发展区域调整为工业发展区域，应控制工业发展类型和规模。由于老城工业园位于澄迈市沿海地区，相比澄迈市内陆地区，大气污染物扩散条件较好，因此澄迈

市内陆地区的工业应逐步迁入老城工业园或向西南工业园发展。同时老城工业园也应限制大气污染物排放较多的企业，改进电力企业燃料结构，减少污染物的排放。老城工业园虽然可以承接海口工业园的医药制造业，但也应控制好企业规模和数量，并采用高架源以减小对海口市空气质量的影响。对于老城工业园内大气污染物排放较多的企业，应逐步迁往西南工业园。

洋浦工业园原规划发展石油化工、造纸和物流产业，园区产业定位明确，主导产业发展前景较好，可依托现有产业基础继续发展主导产业；同时承接海口地区制药产业的转移。由于沿海地区高架源的大气污染物扩散条件好于低架源污染扩散条件，因此在洋浦工业园发展的制药产业应尽量提高排气筒的高度。

东方工业园原规划发展天然气加工，昌江工业园原规划发展铁矿开采和加工，两个工业园园区产业定位明确，主导产业发展前景较好，可依托现有产业基础继续发展主导产业。

农副产品加工业规模小，工艺落后，布局分散；应考虑在工业园内建设大规模农产品加工企业，提高资源利用率。根据第三章研究结果，洋浦工业园及周边地区的污染源环境影响比东方工业园及周边地区的污染源环境影响小，而且洋浦工业园建设用地面积大于东方工业园用地面积，因此洋浦工业园周边地区适合发展大规模农产品加工产业。但是，由于沿海地区高架源的大气污染物扩散条件好于低架源污染扩散条件，因此在洋浦工业园附近发展的农产品加工企业应尽量提高排气筒的高度。

第三节　小　结

1. 到 2020 年，当海南省 $PM_{2.5}$浓度维持 2015 年水平时，海南省工业源 NO_x、SO_2、VOCs 和 $PM_{2.5}$最大允许排放量为 3.34

万 t/年、3.42 万 t/年、7.57 万 t/年和 1.19 万 t/年；到 2020 年，当海南省 $PM_{2.5}$浓度在 2015 年基础上降低 10%时，海南省工业源 NO_x、SO_2、VOCs 和 $PM_{2.5}$最大允许排放量为 2.35 万 t/年、2.32 万 t/年、5.53 万 t/年和 0.88 万 t/年。到 2020 年，当海南省 $PM_{2.5}$浓度维持 2015 年水平时，石油加工、炼焦及核燃料加工业，医药制造业，农副产品加工业，黑色金属冶炼及压延加工业四个主导产业 $PM_{2.5}$最大允许排放量分别为 0.58 万 t/年、0.04 万 t/年、0.12 万 t/年和 0.023 万 t/年。到 2020 年，当海南省 $PM_{2.5}$浓度在 2015 年基础上降低 10%时，石油加工、炼焦及核燃料加工业，医药制造业，农副产品加工业，黑色金属冶炼及压延加工业四个主导产业 $PM_{2.5}$最大允许排放量分别为 0.35 万 t/年、0.04 万 t/年、0.12 万 t/年和 0.014 万 t/年。

2. 石油加工、炼焦及核燃料加工业，黑色金属冶炼及压延加工业，黑色金属矿采选业，石油与天然气开采业，非金属矿采选业均可在原地继续发展，而医药制造业和农副产业加工业，应改变现有发展方式，扩大规模，可向西南地区逐步迁移。

第六章　结论与展望

第一节　结　论

1. 本文通过研究热带中尺度海岛地区大气环境质量的变化特征，诊断分析大气环境污染过程形成原因和机理；基于热带海岛污染气象特征识别大气污染敏感源区域，确定源区域与典型城市的敏感系数，建立多源多污染物优化控制模型，优化主导产业布局，将产业发展的环境影响降低到最低程度，同时具有最佳经济环境效益。

2. 影响海南省环境空气质量的主要天气型为大陆冷高压、热带气旋、低压槽。大陆高压前部滞留的高压脊、印缅低压槽是影响海南省环境空气质量的主要天气型，空气污染物浓度的谷峰变化形成的环境污染过程与这两个系统的相继影响有较好的对应关系；高压脊上空持续的下沉气流及边界层低层流场辐合形成的污染物汇聚带，导致污染物逐日积累并达到峰值；热带地区发展的热带气旋外围，常形成深厚的下沉气流有利于高压脊区日均污染物浓度增大；印缅低压槽及其偏南风，明显降水有利于污染物的清除。热带地区大型高压脊天气系统及控制下的地方性流场汇聚是造成地区 API 积累及峰值形成的主要原因。

3. 海南岛南部气象站比北部气象站海陆风日多。春季和夏季一般在海南岛西北沿海地区形成海风汇聚带，而秋冬季一般在海南岛东部地区形成汇聚带。冬季和夏季如果绕行气流强盛，海南岛两侧气流能深入海南岛北部内陆地区形成明显的东北—西南走向海风汇聚带；如果两侧气流强度发生改变，则汇聚带会发生区域性移动。另外，春季在海南岛西南部东方地区还容易形成局部海风辐合。海口、澄迈、临高和东方地区海风辐合发生频率较高。海风辐合区范围内污染源对周边地区环境空气质量影响较大。

4. 采用 CAMx-PSAT 数值模拟源解析方法，周边区域大气污染源在旱季（1 月）海南省细颗粒物贡献率在50%左右，旱季主要是受广东地区污染物远距离输送影响；雨季（7 月）周边区域大气污染源贡献率为 30%左右。其中雨季广东地区对海南省各地细颗粒物贡献率在 15%左右；广西地区对海南省各地细颗粒物贡献率在 18%左右。

5. 海南省污染源区域敏感性排序从高往低为海口地区、东部地区、西北地区、中部地区、南部地区和西南地区。根据海南省各区域产业发展特点，将区域分为工业发展区、工业一般发展区、工业重点发展区和工业限制发展区域。海口地区和东部地区现状分别为工业发展区和工业一般发展区，现调整为非工业发展区，原有产业逐步搬离。南部地区和中部地区现状为工业一般发展区，现调整为工业限制发展区，原有产业维持现状，不再扩大规模。西北地区和西南地区现状均为工业重点发展区，现调整为工业发展区和工业重点发展区。

6. 海南省 SO_2，NO_x 和 VOCs 对 $PM_{2.5}$一次排放物的当量系数分别为0.45、0.08 和0.01，即平均排放 1t SO_2对 $PM_{2.5}$浓度贡献相当于排放 0.45t $PM_{2.5}$一次排放对区域 $PM_{2.5}$浓度贡献；平均排放 1t NO_x对 $PM_{2.5}$浓度贡献相当于排放 0.08t $PM_{2.5}$一次排放对区域 $PM_{2.5}$浓度贡献；平均排放 1t VOCs 对 $PM_{2.5}$浓度贡献相当于

排放 0.01t $PM_{2.5}$一次排放对区域 $PM_{2.5}$浓度贡献。

7. 到 2020 年，当海南省 $PM_{2.5}$浓度维持 2015 年水平时，海南省工业源 NO_x、SO_2、VOCs 和 $PM_{2.5}$最大允许排放量为 3.34 万 t/年、3.42 万 t/年、7.57 万 t/年和 1.19 万 t/年；到 2020 年，当海南省 $PM_{2.5}$浓度在 2015 年基础上降低 10%时，海南省工业源 NO_x、SO_2、VOCs 和 $PM_{2.5}$最大允许排放量为 2.35 万 t/年、2.32 万 t/年、5.53 万 t/年和 0.88 万 t/年。到 2020 年，当海南省 $PM_{2.5}$浓度维持 2015 年水平时，石油加工、炼焦及核燃料加工业，医药制造业，农副产品加工业，黑色金属冶炼及压延加工业四个主导产业 $PM_{2.5}$最大允许排放量分别为 0.58 万 t/年、0.04 万 t/年、0.12 万 t/年和 0.02 万 t/年。到 2020 年，当海南省 $PM_{2.5}$浓度在 2015 年基础上降低 10%时，石油加工、炼焦及核燃料加工业，医药制造业，农副产品加工业，黑色金属冶炼及压延加工业四个主导产业 $PM_{2.5}$最大允许排放量分别为 0.35 万 t/年、0.04 万 t/年、0.12 万 t/年和 0.014 万 t/年。

8. 对于洋浦工业园的石油加工和纸业及纸制品，东方工业园的石油化工，昌江工业园的黑色金属矿采选业和黑色金属冶炼及压延加工业不需要做调整；但是海口地区的医药制造业可逐步向西南地区转移，并采用高架源以减小对环境空气质量的影响。农副产业加工业应改变现有发展方式，扩大规模，可考虑在西南地区发展较大规模的农副产品加工业基地。

第二节 展 望

1. 由于热带海岛海陆区域的差异，中尺度数值模式对于海陆风风向模拟效果较差，提高初始场数据的精度以及进一步寻找更合理的参数设置是提高风场数值模拟准确性的关键，有利于评估风场资源及合理利用。不同参数方案对不同季节不同区域的模拟效果不同，应根据实际情况选择不同参数方案进行模拟。

大气污染物扩散与大尺度天气型、中尺度天气型和微气象要素的变化密切相关，大尺度天气型对海陆风的影响，以及海陆风辐合对微气象要素的影响，多种气象条件叠加对大气污染物的扩散规律仍需进一步的研究。

2. 大气污染源排放清单研究是开展大气污染防治、制定污染控制政策和进行空气质量预报预警的关键基础性研究工作，可用于识别污染来源、支撑模式模拟、分析解释观测结果。针对海南当地产业结构、污染物的控制技术、环境监管水平等实际特点，细分源类型，开展实测工作，获取本地化的参数是大气污染联合防控的首要工作。根据海南省目前发展现状，机动车、城市扬尘、挥发性有机物、餐饮业、船舶港口、面源、煤炭油品、工业是大气控制研究重点。而确定清单中工业点源位置和排放参数将有利于提高空气质量模型模拟效果。建立行业高分辨率污染物清单有利于提高源解析和敏感源识别的准确度。

3. 大气污染物中一次污染物和二次污染物共有 100 多种，一次污染物进入大气以后，在阳光照射下以及污染物间相互发生化学反应、污染物与大气成分发生化学反应生成毒性更大的二次污染物。由于热带海岛地区海洋气象以及高光照条件，对于臭氧等二次污染物的转化具有特殊性，仍需进一步研究细颗粒物和臭氧的成分以及影响因素。

由于二氧化硫、氮氧化物和挥发性有机气体在大气中会转换成二次硫酸盐、硝酸盐和有机颗粒，通过当量系数转换与细颗粒物一次排放物进行协同控制，有利于更准确判断各污染物的最大允许排放量。由于第三代空气质量模型对二次转化物尤其是有机气溶胶模拟误差较大，因此加强实验观测，明确二氧化硫、氮氧化物和挥发性有机气体与细颗粒物一次排放物之间的当量关系，是进行污染物协同控制的关键。

氮氧化物和挥发性有机气体也是臭氧的前体物，臭氧是海南环境空气质量的首要污染物之一，且呈现越来越严重的趋势。联合臭氧和细颗粒物进行多污染物协同控制，更能准确判断各污染物的最大允许排放量。

海南工业氨排放量较多，大气中的氨会加速二氧化硫和氮氧化物的二次转化，各行业排放的氨转化率有所不同。氮氧化物的脱硝处理会加大氨的排放，从而加速二次无机气溶胶的转换，研究大气污染控制措施二次产物的环境效应有利于从整体提高环境空气质量。

地区产业结构不同，所排放的污染物也不同，污染物之间发生化学反应从而形成不同的大气环境问题。研究不同区域产业群的污染物转化规律，有利于提高污染控制效率。研究不同产业组合大气污染物变化规律，有利于更合理地进行产业布局和规划。

参考文献

安静宇，李莉，黄成，等，2014. 2013 年 1 月中国东部地区重污染过程中上海市细颗粒物的来源追踪模拟研究［J］. 环境科学学报，34（10）：2 635-2 644.
常文韬，2014. 面向协同减排的城市能流-碳流系统分析模型及实例研究［D］. 天津：河北工业大学.
陈朝晖，程水源，苏福庆，等，2007. 北京地区一次重污染过程的大尺度天气型分析［J］. 环境科学研究，20（2）：99-105.
陈朝晖，程水源，苏福庆，等，2008. 华北区域大气污染过程中天气型和输送路径分析［J］. 环境科学研究，21（1）：17-21.
陈朝晖，程水源，苏福庆，等，2010. 一次区域性大气重污染过程的诊断分析及数值模拟［J］. 北京工业大学学报，36（2）：240-244.
崔燕军，2006. 大连：大连湾海陆风的特征研究［D］. 大连：大连理工大学.
邓涛，吴兑，邓雪娇，等，2013. 珠三角空气质量暨光化学烟雾数值预报系统［J］. 环境科学与技术（4）：62-68.
邓莲堂，史学丽，闫之辉，2012. 不同分辨率对淮河流域连续暴雨过程影响的中尺度模拟试验［J］. 热带气象学报，

28（2）：167-176.

东高红，何群英，刘一玮，等，2011. 海风锋在渤海西岸局地暴雨过程中的作用［J］. 气象（9）：1 100-1 107.

东高红，刘一玮，孙蜜娜，等，2013. 城市热岛与海风锋叠加作用对一次局地强降水的影响［J］. 气象，39（11）：1 422-1 430.

杜晓惠，徐峻，刘厚凤，等，2016. 重污染天气下电力行业排放对京津冀地区 PM_(2. 5）的贡献［J］. 环境科学研究，29（4）：475-482.

杜晓娟，2015. 基于全球与国内价值链测度的区域主导产业选择的研究［D］. 南京：南京财经大学.

高晓梅，2012. 我国典型地区大气 $PM_{2.5}$水溶性离子的理化特征及来源解析［D］. 济南：山东大学.

郭燕胜，2015. 基于 CALPUFF 模式的关中机动车 PM_(2. 5）排放对环境空气质量的影响研究［D］. 西安：长安大学.

侯胜兰，2015. 四川省工业主导产业选择及其发展对策［D］. 成都：西南交通大学.

黄晓锋，云慧，宫照恒，等，2014. 深圳大气 PM_(2. 5）来源解析与二次有机气溶胶估算［J］. 地球科学（4）：723-734.

黄嫣旻，2006. 城市地面扬尘的估算与分布特征研究［D］. 上海：华东师范大学.

康凌，蔡旭晖，王志远，等，2011. 福建漳州沿海大气扩散特性的数值分析与模拟［J］. 北京大学学报（自然科学版），47（1）：71-78.

LIU Kefeng，JIANG Guorong，CHEN Yide，等.2014.基于卫星漂流浮标的南海表层海流观测分析［J］. 热带海洋学报，33（5）：13-21.

李丹，2015. 中国海洋主导产业选择及经济效应分析［D］. 沈阳：辽宁大学.

李锋，朱彬，安俊岭，等，2015. 2013 年 12 月初长江三角洲及周边地区重霾污染的数值模拟［J］. 中国环境科学（7）：1 965-1 974.

李赫，齐文静，曹春雨，等，2014. 中国毗邻海域海上风能资源分析［J］. 青岛大学学报（自然科学版），27（4）：31-34.

李莉，程水源，陈东升，等，2010. 基于 CMAQ 的大气环境容量计算方法及控制策略［J］. 环境科学与技术，33（8）：162-166.

李松，2015. 区域大气污染源清单完善及现有产业结构对大气环境影响研究［D］. 北京：北京工业大学.

李璇，聂滕，齐珺，等，2015. 2013 年 1 月北京市 $PM_{2.5}$ 区域来源解析［J］. 环境科学（4）：1 148-1 153.

李国昊，2014. 典型 VOCs 排放源分级技术与优化减排方案研究［D］. 北京：北京工业大学.

李海洋，祁秀香，赵小伟，等，2015. 南沙区海陆风环流的特征及其对气温和能见度的影响［J］. 广东气象，37（3）：24-27.

刘龙，2014. 工业园区规划大气环境风险识别方法与案例研究［D］. 北京：清华大学.

刘勇，2006. 区域经济发展与地区主导产业［M］. 北京：商务印书馆.

刘建鑫，问鼎，侯绿原，2015. 大气污染物源解析技术模型及应用［J］. 环境保护与循环经济（1）：38-41.

卢焕珍，刘一玮，刘爱霞，等，2012. 海风锋导致雷暴生成和加强规律研究［J］. 气象（9）：1 078-1 086.
路屹雄，2011. 非均匀下垫面近地层风动力降尺度研究［D］. 南京：南京大学.
潘月云，2015. 城市细颗粒物本地排放源识别与区域输送影响研究［D］. 广州：华南理工大学.
彭康，2013. 珠江三角洲铺装道路扬尘源污染物排放及特征研究［D］. 广州：华南理工大学.
邱晓暖，2010. 珠江口西侧海陆风研究［D］. 广州：中山大学.
任阵海，万本太，苏福庆，等，2004. 当前我国大气环境质量的几个特征［J］. 环境科学研究，17（1）：1-6.
盛春岩，史茜，高守亭，等，2010. 一次冷锋过境后的海风三维结构数值模拟［J］. 应用气象学报，21（2）：189-197.
宋洁慧，2008. 宁波海陆风观测与数值模拟研究［D］. 南京：南京信息工程大学.
苏福庆，高庆先，张志刚，等，2004. 北京边界层外来污染物输送通道［J］. 环境科学研究，17（1）：26-29.
苏福庆，任阵海，高庆先，等，2014. 北京及华北平原边界层大气中污染物的汇聚系统—边界层输送汇［J］. 环境科学研究，17（1）：21-25.
唐晓兰，程水源，滕滕，等，2011. 循环经济型主导产业分级评价模型研究［J］. 国土与自然资源研究（3）：18-20.
汪俊，2014. 长三角地区多部门多种大气污染物协同减排方案研究［D］. 北京：清华大学.
王芳，2010. 大气污染的区域间输送与敏感源筛选识别研究［D］. 北京：北京工业大学.
王静，2015. 海南岛海陆风演变特征的观测分析研究

[D]. 南京：南京信息工程大学.
王琼，2015. 甘肃省产业关联性测度与主导产业选择研究[D]. 兰州：兰州大学.
王婷，谌志刚，刘尉，等，2012. 粤东沿海冬季海陆风过程的观测和数值研究[J]. 气象研究与应用，33（3）：1-7.
王春明，王元，伍荣生，2004. 模式水平分辨率对梅雨锋降水定量预报的影响[J]. 水动力学研究与进展，19（1）：71-80.
王社扣，王体健，石睿，等，2014. 南京市不同类型扬尘源排放清单估计[J]. 中国科学院大学学报，31（3）：351-359.
王玉国，2004. 辽东湾西岸海陆风特征研究[D]. 青岛：中国海洋大学.
温维，2015. 京津冀典型城市 $PM_{2.5}$ 污染持续改善技术研究[D]. 北京：北京工业大学.
吴滨，林长城，文明章，等，2013. 福建沿海地区海陆风的时空分布特征[J]. 应用海洋学学报，32（1）：125-132.
吴淑娟，吴海民，肖健华，2015. 基于技术变化趋势基准的海洋主导产业选择[J]. 浙江农业科学，56（8）：1 342-1 347.
辛渝，汤剑平，赵逸舟，等，2010. 模式不同分辨率对新疆达坂城-小草湖风区地面风场模拟结果的分析[J]. 高原气象，29（4）：884-893.
邢佳，2011. 大气污染排放与环境效应的非线性响应关系研究[D]. 北京：清华大学.
许启慧，苗峻峰，刘月琨，等，2013. 渤海湾西岸海风时空演变特征观测分析[J]. 海洋预报，30（1）：9-19.
薛文博，付飞，王金南，等，2014. 基于全国城市 $PM_{2.5}$ 达标约束的大气环境容量模拟［J］. 中国环境科学（10）：2 490-2 496.
薛文博，汪艺梅，王金南，2014. 大气环境红线划定技术研究［J］. 环境与可持续发展，39（3）：13-15.
薛文博，王金南，杨金田，等，2013. 淄博市大气污染特征模型模拟及环境容量估算［J］. 环境科学，34（4）：1 264-1 269.
薛文博，吴舜泽，杨金田，等，2014. 城市环境总体规划中大气环境红线内涵及划定技术［J］. 环境与可持续发展，39（1）：14-16.
杨杨，2014. 珠三角地区建筑施工扬尘排放特征及防治措施研究［D］. 广州：华南理工大学 .
杨多兴，韩永伟，拓学森，2007. 门头沟生态区排放的大气颗粒物输送的模拟研究［J］. 西南大学学报（自然科学版），29（5）：113-117.
易笑园，刘一玮，孙密娜，等，2014. 海风辐合线对雷暴系统触发、合并的动热力过程［J］. 气象（12）：1 539-1 548.
翟世贤，2015. GRAPES-CUACE 气溶胶模块的伴随构建及模式在大气污染优化控制中的应用［D］. 北京：中国气象科学研究院 .
张延君，郑玫，蔡靖，等，2015. $PM_{2.5}$源解析方法的比较与评述［J］. 科学通报（2）：109-121.
张振州，蔡旭晖，宋宇，等，2014. 海南岛地区海陆风的统计分析和数值模拟研究［J］. 热带气象学报，30（2）：270-280.
周颖，2012. 区域大气污染源清单建立与敏感源筛选研究及示范应用［D］. 北京：北京工业大学 .
庄延娟，王伯光，刘灿，2011. 珠江口西岸冬季海陆风背景下羰基化合物的初步研究 [J]. 中国环境科学, 31 (4): 568-575.

AMANN M, BERTOK I, BORKEN K J, et al.2011.Cost-effective control of air quality and greenhouse gases in Europe: Modeling and policy applications [J]. Environmental Modelling & Software, 26 (12): 1 489-1 501.

BAO J W, MICHELSON S A, PERSSON P O, et al.2008.Observed and WRF-simulated low-level winds in a high-ozone episode during the central California ozone study [J]. Journal of Applied Meteorology & Climatology, 47 (9): 2 372.

BJÖRN H, MARIE H E.2013.Winter land breeze in a high latitude complex coastal area [J]. Physical Geography, 20 (2): 152-172.

CHALLA V S, INDRACANTI J, RABARISON M K, et al. 2009.A simulation study of mesoscale coastal circulations in Mississippi Gulf coast [J]. Atmospheric Research, 91 (1): 9-25.

CHENG S, CHEN D, LI J, et al, 2007. The assessment of emission-source contributions to air quality by using a coupled MM5-ARPS-CMAQ modeling system: A case study in the Beijing metropolitan region, China [J]. Environmental Modelling & Software, 22 (11): 1 601-1 616.

CORBETT J, SU W.2015.Accounting for the effects of Sastrugi in the CERES Clear-Sky Antarctic shortwave ADMs [J]. Atmospheric Measurement Techniques Discussions, 8: 375-404.

DAMATO F, PLANCHON O, DUBREUIL V. 2012. A remote-sensing study of the inland penetration of sea-breeze fronts from the English Channel [J]. Clinical Microbiology &

Infection the Official Publication of the European Society of Clinical Microbiology & Infectious Diseases, 226 (6): 1 504-1 516.

DING A, WANG T, ZHAO M, et al. 2004. Simulation of sea-land breezes and a discussion of their implications on the transport of air pollution during a multi-day ozone episode in the Pearl River Delta of China [J]. Atmospheric Environment, 38 (39): 6 737-6 750.

DROBINSKI P, RICHARD R, DUBOS T. 2011. Linear theory of the sea breeze in a thermal wind [J]. Quarterly Journal of the Royal Meteorological Society, 137 (659): 1 602-1 609.

DUC H N, BANG H Q, QUANG N X. 2016. Modelling and prediction of air pollutant transport during the 2014 biomass burning and forest fires in peninsular Southeast Asia [J]. Environmental Monitoring & Assessment, 188 (2): 1-23.

GULIA S, KUMAR A, KHARE M. 2015. Performance evaluation of CALPUFF and AERMOD dispersion models for air quality assessment of an industrial complex [J]. Journal of Scientific & Industrial Research, 74 (5): 302-307.

GULIA S, SHRIVASTAVA A, NEMA A K, et al. 2015. Assessment of Urban Air Quality around a Heritage Site Using AERMOD: A Case Study of Amritsar City, India [J]. Environmental Modeling & Assessment, 20 (6): 599-608.

HAN K M, LEE S, CHANG L S, et al. 2015. A comparison study between CMAQ-simulated and OMI-retrieved NO_2 columns over East Asia for evaluation of NOx emission fluxes of INTEX-B, CAPSS, and REAS inventories [J]. Atmospheric

Chemistry & Physics, 15 (4): 1 913-1 938.

HU J, WU L, ZHENG B, et al.2015.Source contributions and regional transport of primary particulate matter in China [J]. Environmental Pollution, 207: 31-42.

HU X, JIANG K, YANG H. 2003. Application of AIM/Enduse model to China [M]. Climate Policy Assessment. Springer Japan: 75-91.

HUANG W R, WANG S Y.2013.Impact of land - sea breezes at different scales on the diurnal rainfall in Taiwan [J]. Climate Dynamics, 43 (7-8): 1-13.

KLIMONT Z, COFALA J, XING J, et al. 2009. Projections of SO_2, NOx and carbonaceous aerosols emissions in Asia [J]. Tellus Series B-chemical & Physical Meteorology, 61 (4): 602-617.

KUSAKA H, CROOK A, DUDHIA J, et al.2005.Comparison of the WRF and MM5 models for simulation of heavy rainfall along the Baiu Front [J]. Scientific Online Letters on the Atmosphere Sola, 1 (3): 197-200.

LANG J L, CHENG S Y, ZHOU Y, et al.2014.Air pollutant emissions from on - road vehicles in China, 1999 - 2011 [J]. Science of the Total Environment, 496 (496): 1-10.

LI L, LI W, JIN J.2014.Improvements in WRF simulation skills of southeastern United States summer rainfall: physical parameterization and horizontal resolution [J]. Climate Dynamics, 43 (7-8): 1-15.

LIU H, CHAN J C, CHENG A Y.2001.Internal boundary layer structure under sea - breeze conditions in Hong Kong [J]. Atmospheric Environment, 35 (4): 683-692.

LIU H, CHAN J C. 2002. An investigation of air - pollutant patterns under sea-land breezes during a severe air-pollution episode in Hong Kong [J]. Atmospheric Environment, 36 (4): 591-601.

LIU X H, ZHANG Y, XING J, et al. 2010. Understanding of regional air pollution over China using CMAQ, part II. Process analysis and sensitivity of ozone and particulate matter to precursor emissions [J]. Atmospheric Environment, 44 (30): 3 719-3 727.

NOLTE C G, APPEL K W, KELLY J T, et al. 2015. Evaluation of the Community Multiscale Air Quality (CMAQ) model v5.0 against size-resolved measurements of inorganic particle composition across sites in North America [J]. Macromolecules, 8 (19): 3 861-3 904.

PAPANASTASIOU D K, MELAS D, LISSARIDIS I. 2010. Study of wind field under sea breeze conditions: an application of WRF model [J]. Atmospheric Research, 98 (1): 102-117.

PAPANASTASIOU D K, MELAS D. 2009. Climatology and impact on air quality of sea breeze in an urban coastal environment [J]. International Journal of Climatology, 29 (2): 305-315.

PENG W, REN Z, WANG W, et al. 2015. Analysis of Meteorological Conditions and Formation Mechanisms of Lasting Heavy Air Pollution in Eastern China in October 2014 [J]. Research of Environmental Sciences, 28 (5): 676-683.

POKHREL R, LEE H. 2015. Estimation of air pollution from the OGVs and its dispersion in a coastal area [J]. Ocean Engineering, 101 (4): 275-284.

SANCHEZ - LORENZO A, CALBO J, AZORIN - MOLINA C. 2009.A climatological study of sea breeze clouds in the southeast of the Iberian Peninsula (Alicante, Spain) [J]. Atmosfera, 22 (1): 33-49.

SRIVASTAVA K, BHARDWAJ R.2014.Analysis and very short range forecast of cyclone AILA with radar data assimilation with rapid intermittent cycle using ARPS 3DVAR and cloud analysis techniques [J]. Meteorology & Atmospheric Physics, 124 (1-2): 97-111.

STEELE C J, DORLING S R, GLASOW R V, et al. 2015. Modelling sea-breeze climatologies and interactions on coasts in the southern North Sea: implications for offshore wind energy [J]. Quarterly Journal of the Royal Meteorological Society, 141 (690): 1 821-1 835.

VARQUEZ A C, NAKAYOSHI M, KANDA M.2015.The effects of highly detailed urban roughness parameters on a sea-breeze numerical simulation [J]. Boundary - Layer Meteorology, 154 (3): 449-469.

WANG F, CHEN D S, CHENG S Y, et al, 2010. Identification of regional atmospheric PM_{10} transport pathways using HYSPLIT, MM5-CMAQ and synoptic pressure pattern analysis [J]. Environmental Modelling & Software, 25 (8): 927-934.

WANG S X, ZHAO M, XING J, et al.2010.Quantifying the air pollutants emission reduction during the 2008 Olympic games in Beijing [J]. Environmental Science & Technology, 44 (7): 2 490-2 496.

WANG Z, ZHI S, DING L, et al. 2013. Analysis and

Application of Data Obtained by Wind Profiler Radar on the Coast of South China [J]. Climatic & Environmental Research, 18 (2): 195-202.

XING J, ZHANG Y, WANG S, et al. 2011. Modeling study on the air quality impacts from emission reductions and atypical meteorological conditions during the 2008 Beijing Olympics [J]. Atmospheric Environment, 45 (10): 1 786-1 798.

YANG W, ZHU A, ZHANG J, et al.2016.Assessing the backward Lagrangian stochastic model for determining ammonia emissions using a synthetic source [J]. Agricultural & Forest Meteorology, 216: 13-19.

ZHANG J, GUO L, WU H, et al. 2014. The influence of wind shear on vibration of geometrically nonlinear wind turbine blade under fluid-structure interaction [J]. Ocean Engineering, 84 (4): 14-19.

ZHU J, WANG T, BIESER J, et al. 2015. Source attribution and process analysis for atmospheric mercury in eastern China simulated by CMAQ-Hg [J]. Atmospheric Chemistry & Physics, 15 (7): 10 389-10 424.

附　表

附表 1　2009 年海南岛 1 月海陆风统计分析

区站	初始海风时刻			初始海风风速			最大海风时刻			最大海风风速			海风结束时刻		
	平均值	最早	最晚	平均值	最小	最大	平均值	最早	最晚	平均值	最小	最大	平均值	最小	最大
海口	10	10	10	4	4	4	14	14	14	7	7	7	20	20	20
临高	—	—	—	—	—	—	—	—	—	—	—	—	—	—	—
东方	11.8	10	14	2.9	2	5	14	13	15	4.1	3	5	19.6	18	22
陵水	12.7	9	15	3.2	3	5.3	15	11	18	4.8	3	7	22.1	20	26
万宁	13	12	14	1.85	1.7	2	14	14	14	2	2	2	19.5	18	21
琼海	12	10	17	2.8	1	5	14.7	12	17	3.7	3	5	21.25	19	26
文昌	12.6	10	13	2.1	1.3	2	13.2	11	15	2.7	1.8	3	19.8	18	24

附表 2　2009 年海南岛 4 月海陆风统计分析

区站	初始海风时刻			初始海风风速			最大海风时刻			最大海风风速			海风结束时刻		
	平均值	最早	最晚	平均值	最小	最大	平均值	最早	最晚	平均值	最小	最大	平均值	最小	最大
海口	12.5	12	13	4	3	5	18	16	20	6.5	5	8	22.5	21	24
临高	—	—	—	—	—	—	—	—	—	—	—	—	—	—	—
东方	11.3	10	13	2.9	1	6	13.6	11	17	4.5	3	7	20.5	17	24
陵水	10.8	10	12	1.9	1	3	14.1	12	17	4.1	3	6	20.4	19	24
万宁	13	13	13	1	1	1	16	16	16	3	3	3	27	27	27
琼海	11.5	11	12	2.5	1	4	13	11	15	3.5	3	4	22.5	21	24
文昌	—	—	—	—	—	—	—	—	—	—	—	—	—	—	—

附表 3　2009 年海南岛 7 月海陆风统计分析

区站	初始海风时刻			初始海风风速			最大海风时刻			最大海风风速			海风结束时刻		
	平均值	最早	最晚	平均值	最小	最大	平均值	最早	最晚	平均值	最小	最大	平均值	最小	最大
海口	12.2	10	14	2.7	1	4	15	11	17	4.3	3	7	20.7	18	22
临高	13.1	11	15	2.4	1	4	14.2	12	16	3.6	3	4	21.3	18	24
东方	11	9	13	3.7	1	6	13.7	11	17	5.3	4	9	21.3	18	24
陵水	11.7	10	13	1.8	1	3	14.9	11	19	3.5	2	4	21	18	24

（续表）

区站	初始海风时刻			初始海风风速			最大海风时刻			最大海风风速			海风结束时刻		
	平均值	最早	最晚	平均值	最小	最大	平均值	最早	最晚	平均值	最小	最大	平均值	最小	最大
万宁	11.7	9	13	1.7	1	3	13.7	10	16	3	2	4	21.5	20	23
琼海	10	10	10	2	2	2	12	12	12	3	3	3	22	22	22
文昌	13.5	11	16	2	1	3	12.5	11	14	3.5	3	4	20.5	19	22

附表 4　2009 年海南岛 10 月海陆风统计分析

区站	初始海风时刻			初始海风风速			最大海风时刻			最大海风风速			海风结束时刻		
	平均值	最早	最晚	平均值	最小	最大	平均值	最早	最晚	平均值	最小	最大	平均值	最小	最大
海口	11.6	10	15	4.2	2	5	14	11	17	6.2	5	7	22	19	24
临高	—	—	—	—	—	—	—	—	—	—	—	—	—	—	—
东方	11.3	9	16	2.5	1	3	13.9	12	16	4.1	3	6	20.1	18	23
陵水	12.4	9	15	2	1	3	14.8	12	19	3.5	3	5	20.2	18	23
万宁	12	10	14	2.7	1	8	12.9	11	15	3.4	2	8	20.4	18	24
琼海	12.5	10	15	2	1	3	15	13	16	4.2	2	9	21.5	18	24
文昌	—	—	—	—	—	—	—	—	—	—	—	—	—	—	—

附表 5　2009 年海南岛 1 月与全年海陆风比较分析

区站	初始海风时刻			初始海风风速			最大海风时刻			最大海风风速			海风结束时刻		
	平均值	最早	最晚	平均值	最小	最大	平均值	最早	最晚	平均值	最小	最大	平均值	最小	最大
海口	-2.3	1	-6	0.7	3	-2	-0.8	3	-6	1.9	4	-3	-1.1	2	-4
东方	0.7	1	0	0.3	1	-1	0	2	-3	-0.4	1	-4	-0.8	1	-5
陵水	1.3	0	3	0.9	2	0	0.8	5	-1	0.7	1	-1	0.8	2	-2
万宁	1	3	-2	-0.15	0.7	-6	0.3	4	-4	-1	0	-3	-1.6	0	-8
琼海	0.1	0	0	0.6	0	0	0.3	1	0	0.2	1	0	-0.05	1	-1

附表 6　2009 年海南岛 4 月与全年海陆风比较分析

区站	初始海风时刻			初始海风风速			最大海风时刻			最大海风风速			海风结束时刻		
	平均值	最早	最晚	平均值	最小	最大	平均值	最早	最晚	平均值	最小	最大	平均值	最小	最大
海口	0.2	3	-3	0.7	2	-1	3.2	5	0	1.4	2	-2	1.4	3	0
东方	0.2	1	-1	0.3	0	0	-0.4	0	-1	0	1	-2	0.1	0	-3
陵水	-0.6	1	0	-0.4	0	-2.3	-0.1	6	-2	0	1	-2	-0.9	1	-4
万宁	1	4	-3	-1	0	-7	2.3	6	-2	0	1	-2	5.9	9	-2
琼海	-0.4	1	-5	0.3	0	-1	-1.4	0	-2	0	1	-1	1.2	3	-3

附表 7　2009 年海南岛 7 月与全年海陆风比较分析

区站	初始海风时刻			初始海风风速			最大海风时刻			最大海风风速			海风结束时刻		
	平均值	最早	最晚	平均值	最小	最大	平均值	最早	最晚	平均值	最小	最大	平均值	最小	最大
海口	−0.1	1	−2	−0.6	0	−2	0.2	0	−3	−0.8	0	−3	−0.4	0	−2
东方	−0.1	0	−1	1.1	0	0	−0.3	0	−1	0.8	2	0	0.9	1	−3
陵水	0.3	1	1	−0.5	0	−2.3	0.7	1	0	−0.6	0	−4	−0.3	0	−4
万宁	−0.3	0	−3	−0.3	0	−5	0	0	−2	0	0	−1	0.4	2	−6
琼海	−1.9	0	−7	−0.2	1	−3	−2.4	1	−5	−0.5	1	−2	0.7	4	−5

附表 8　2009 年海南岛 10 月与全年海陆风比较分析

区站	初始海风时刻			初始海风风速			最大海风时刻			最大海风风速			海风结束时刻		
	平均值	最早	最晚	平均值	最小	最大	平均值	最早	最晚	平均值	最小	最大	平均值	最小	最大
海口	−0.7	1	−1	0.9	1	−1	−0.8	0	−3	1.1	2	−3	0.9	1	0
东方	0.2	0	2	−0.1	0	−3	−0.1	1	−2	−0.4	1	−3	−0.3	1	−4
陵水	1	0	3	−0.3	0	−2.3	0.6	6	0	−0.6	1	−3	−1.1	0	−5
万宁	0	1	−2	0.7	0	0	−0.8	1	−3	0.4	0	3	−0.7	0	−5
琼海	0.6	0	−2	−0.2	0	−2	0.6	2	−1	0.7	0	4	0.2	0	−3

附 图

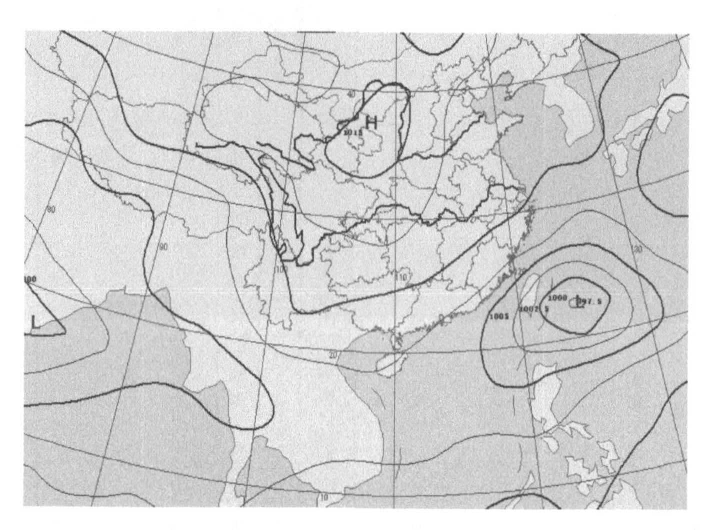

（a）2008091208

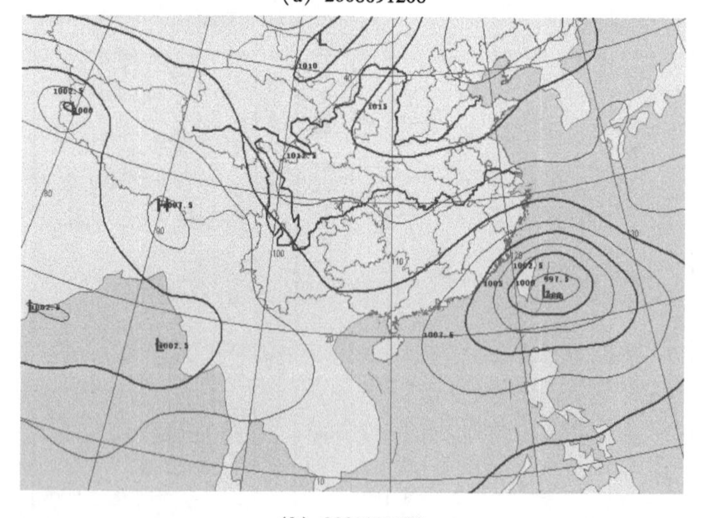

（b）2008091308

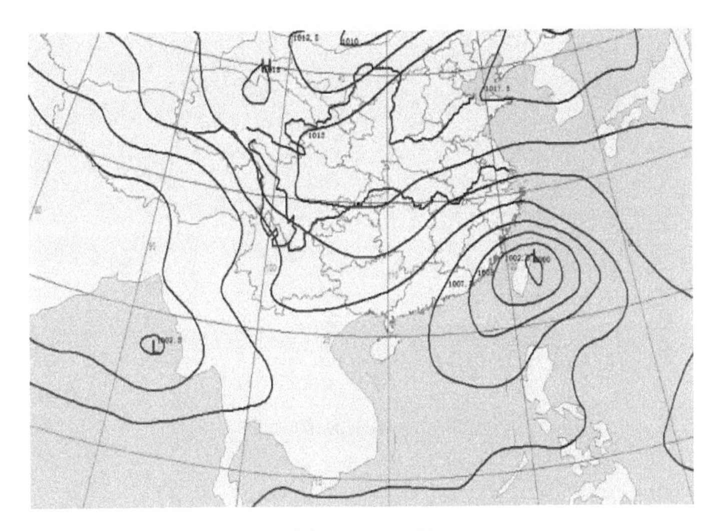

(c) 2008091408

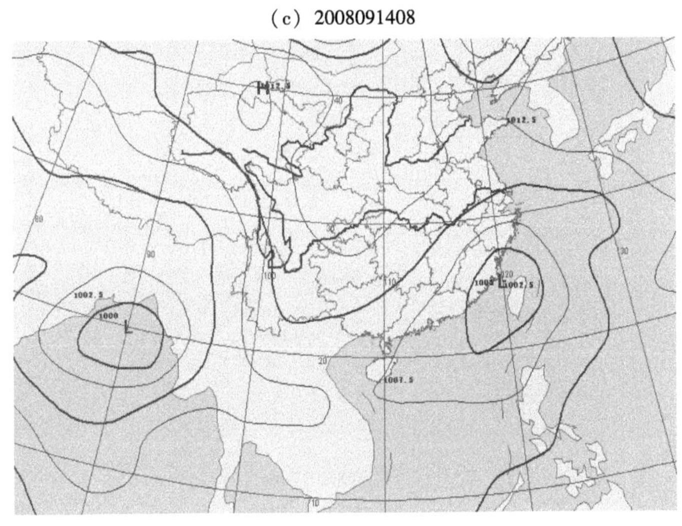

(d) 2008091508

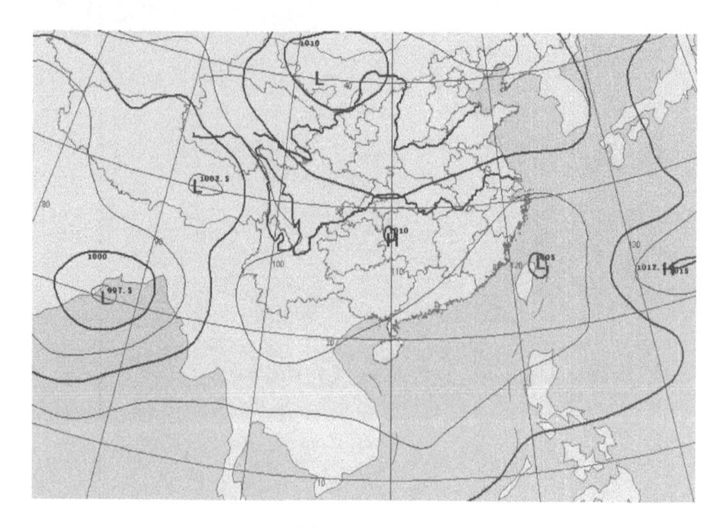

（e）2008091608

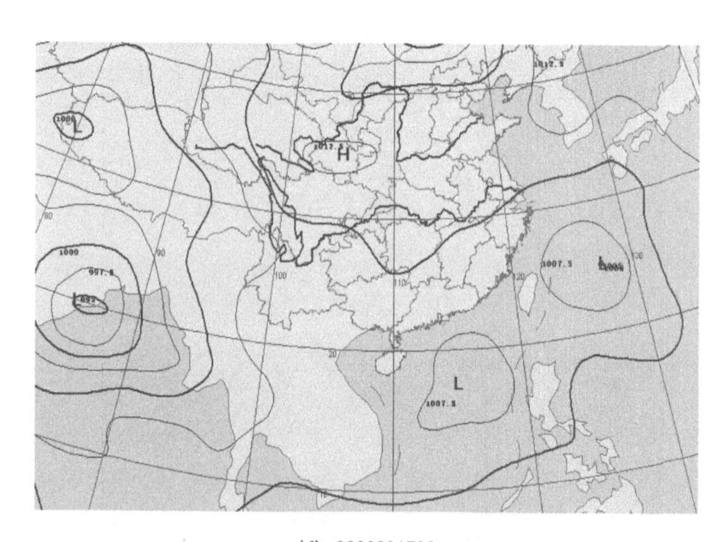

（f）2008091708

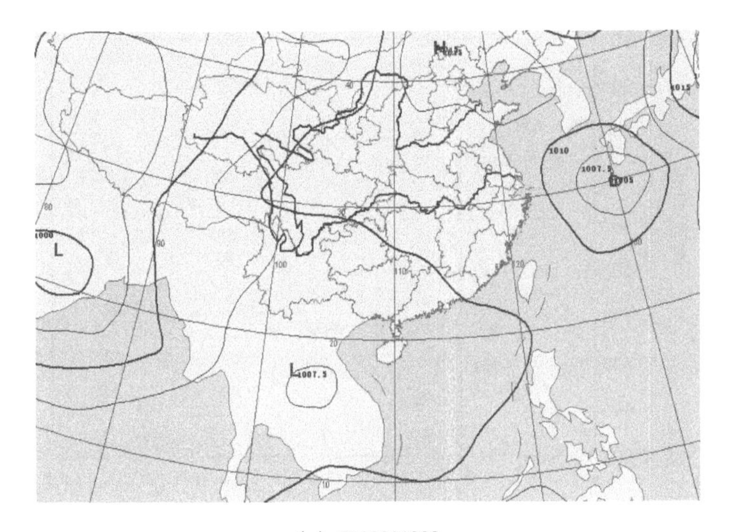

(g) 2008091808

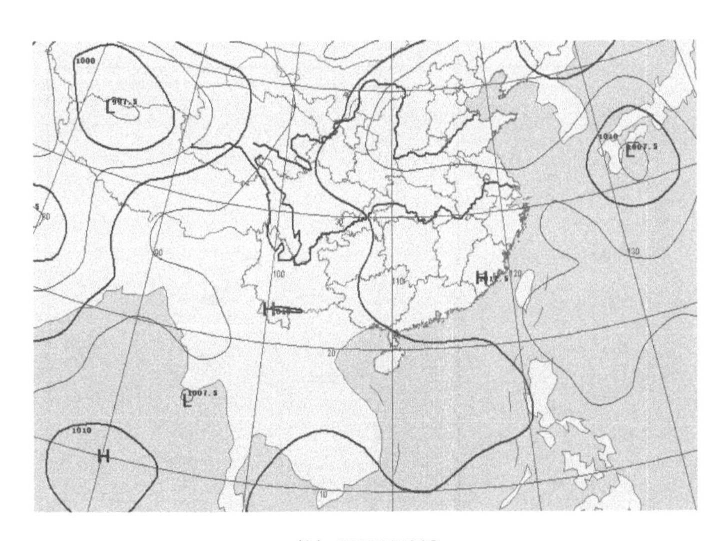

(h) 2008091908

图 A-1　20080912—20080919 日海平面气压图

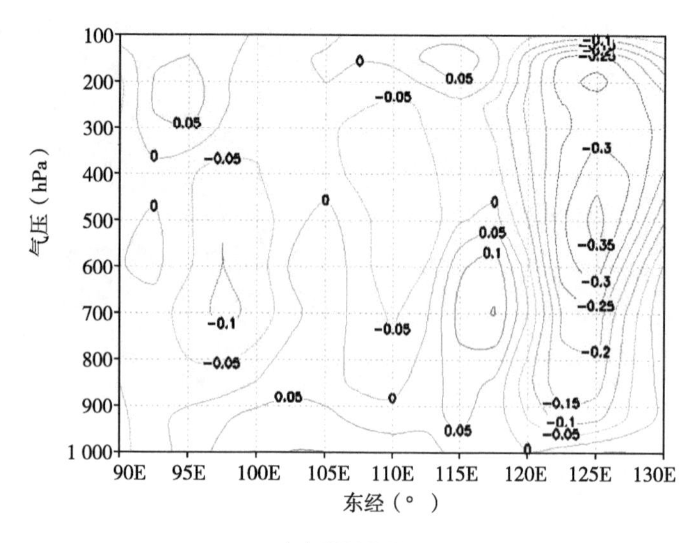

（a）2008091208

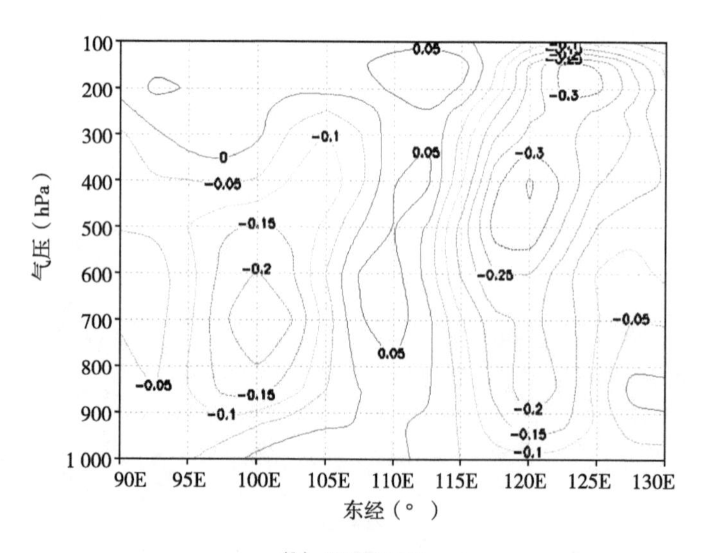

（b）2008091308

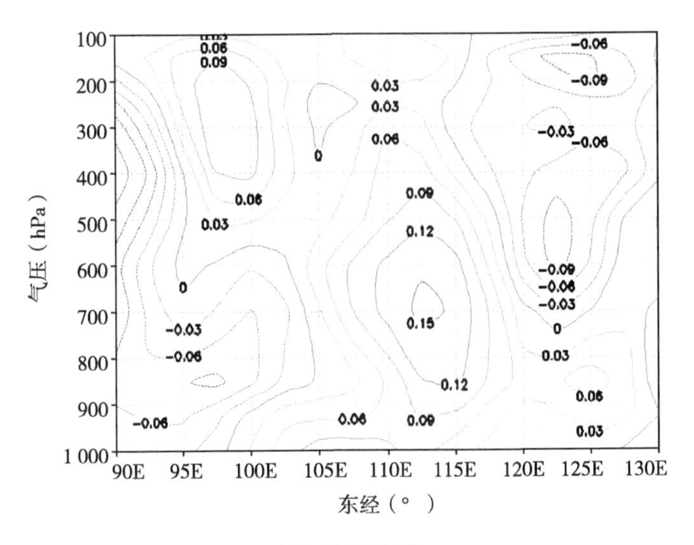

（c）2008091408

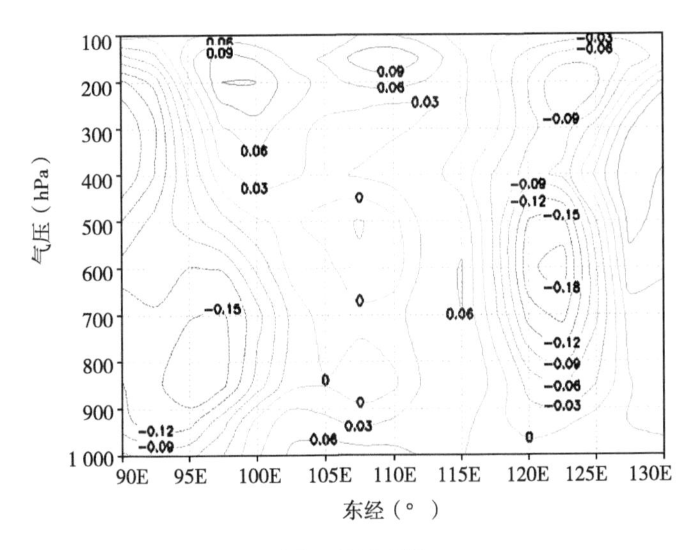

（d）2008091508

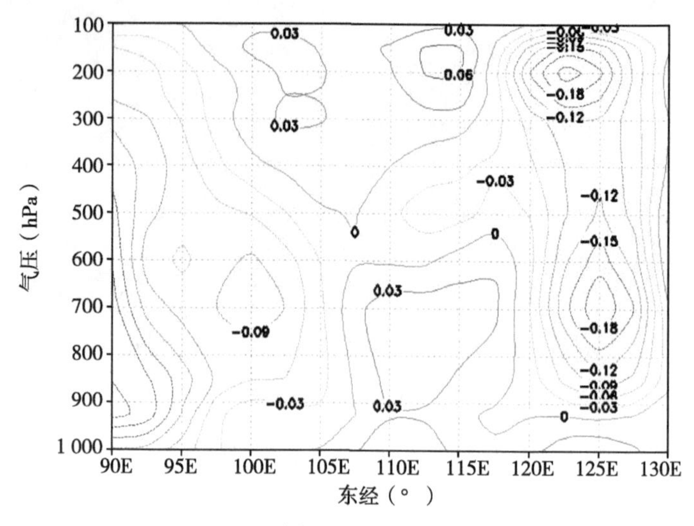

（e）2008091608

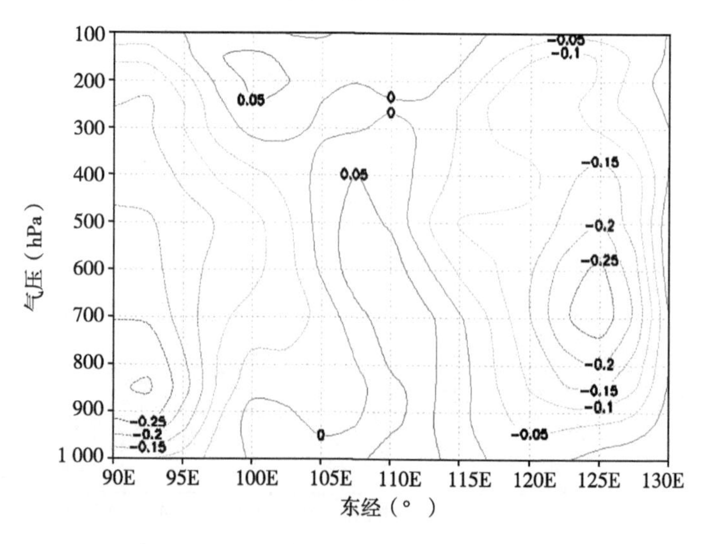

（f）2008091708

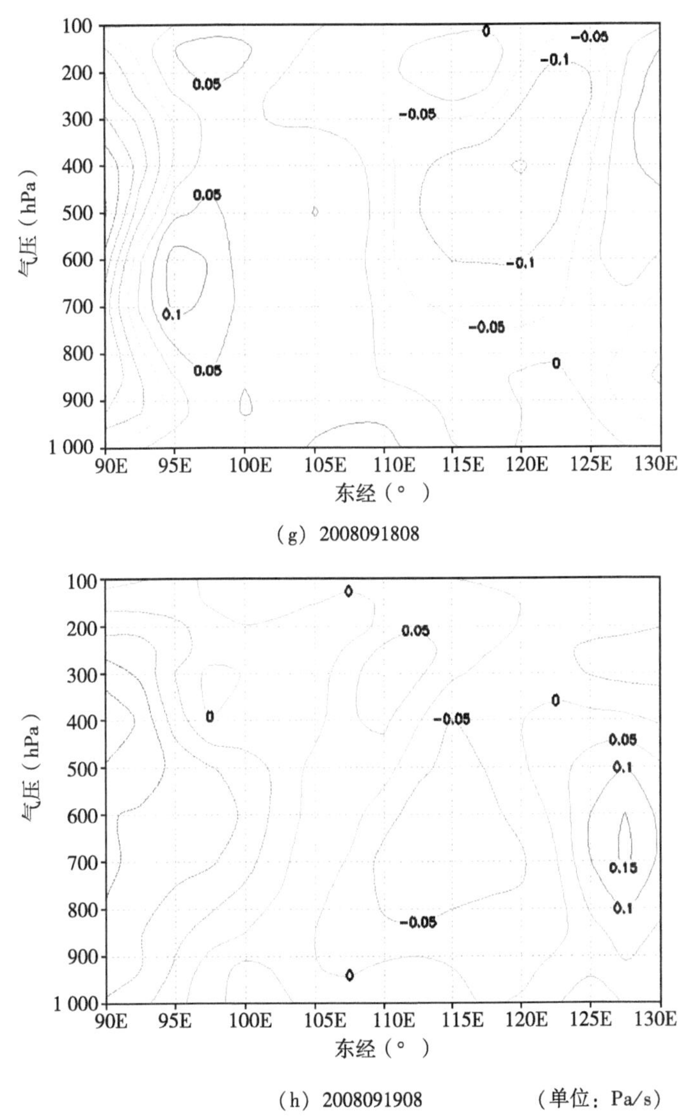

（g）2008091808

（h）2008091908　　　　（单位：Pa/s）

图 A-2　20080912—20080919 日沿 20°N 的纬向垂直速度剖面图

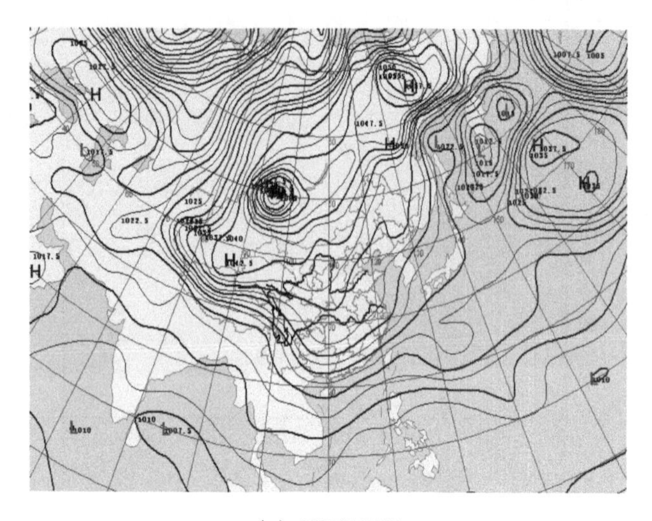

（a）2009010708

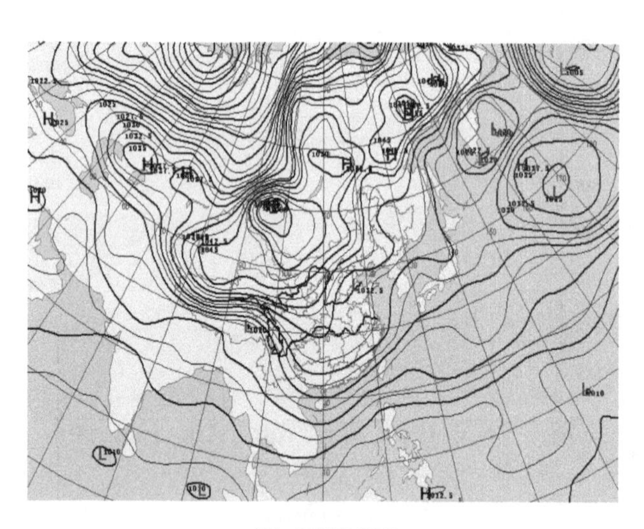

（b）2009010808

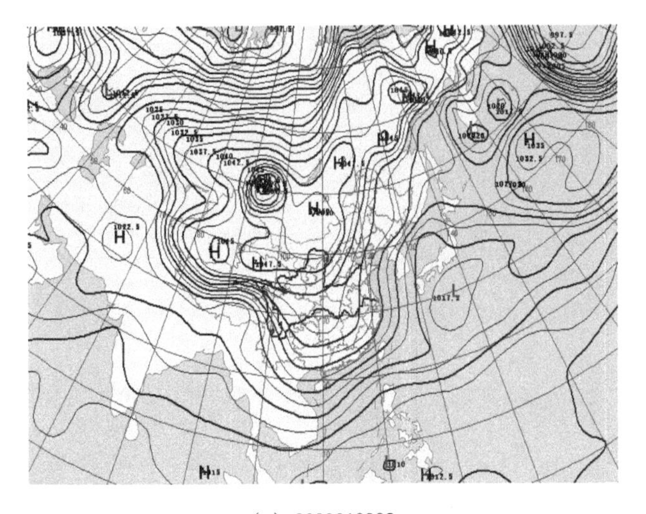

（c）2009010908

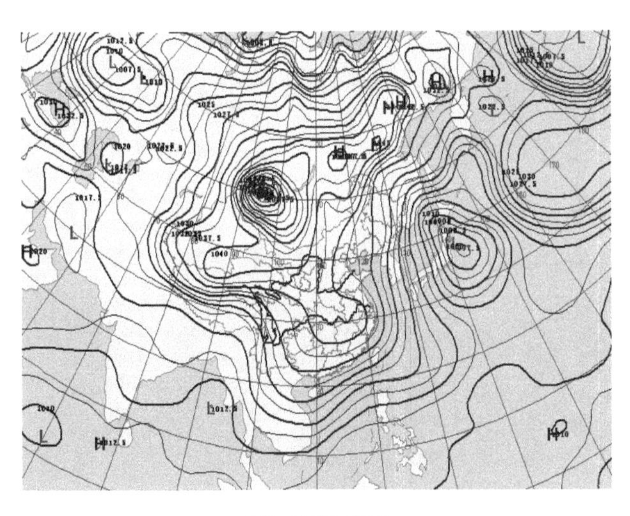

（d）2009011008

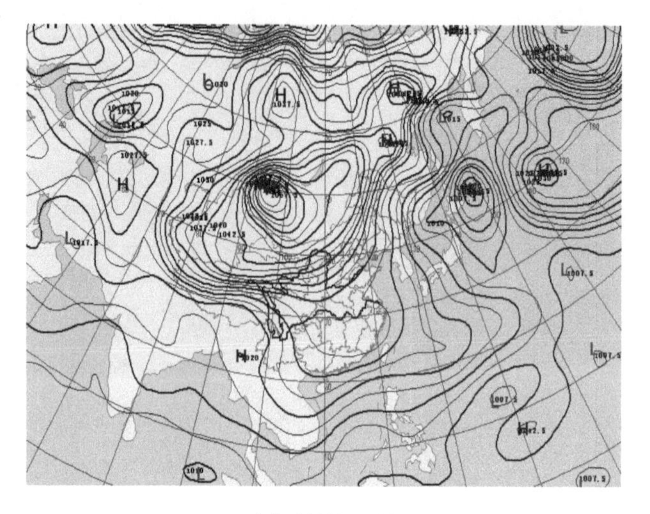

（e）2009011108

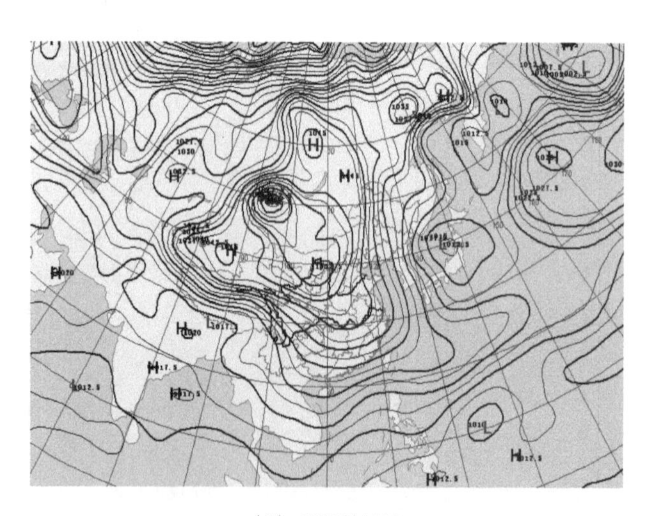

（f ）2009011208

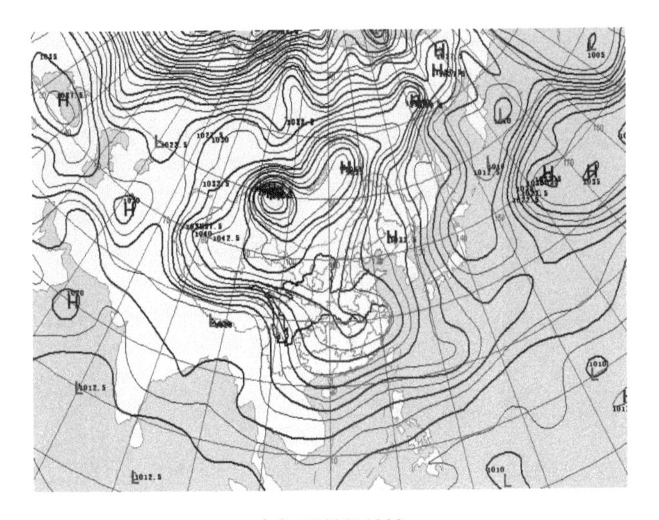

(g) 2009011308

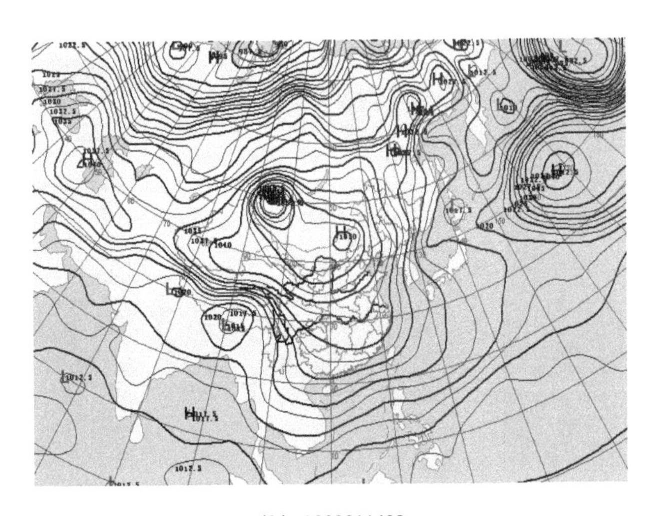

(h) 2009011408

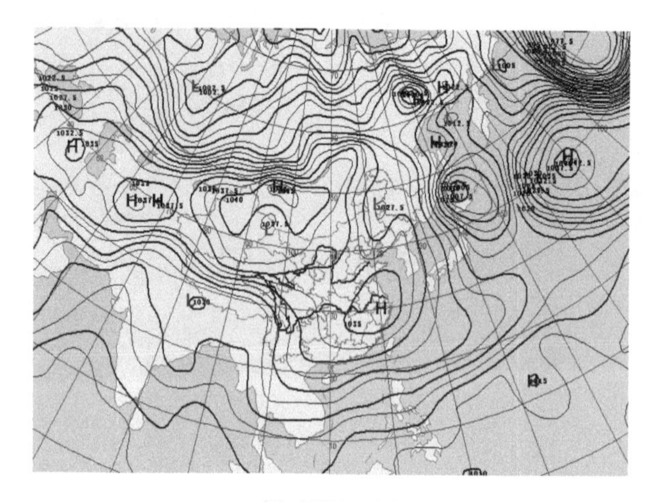

(i) 2009011508

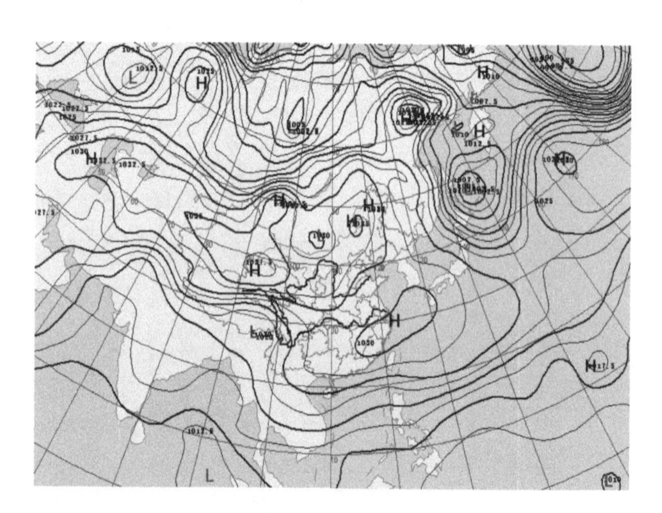

(j) 2009011608

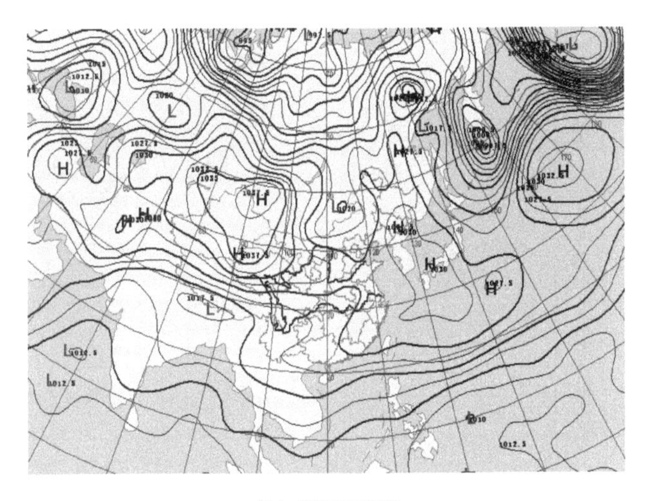

（k）2009011708

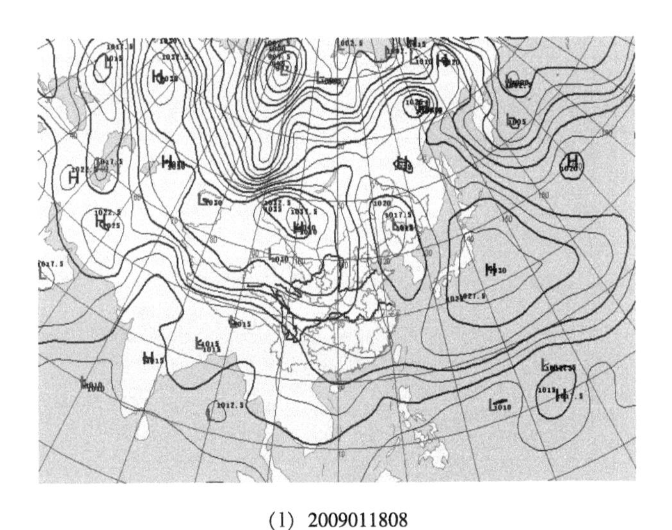

(l) 2009011808

图 A-3　20090107—20090118 日海平面气压图

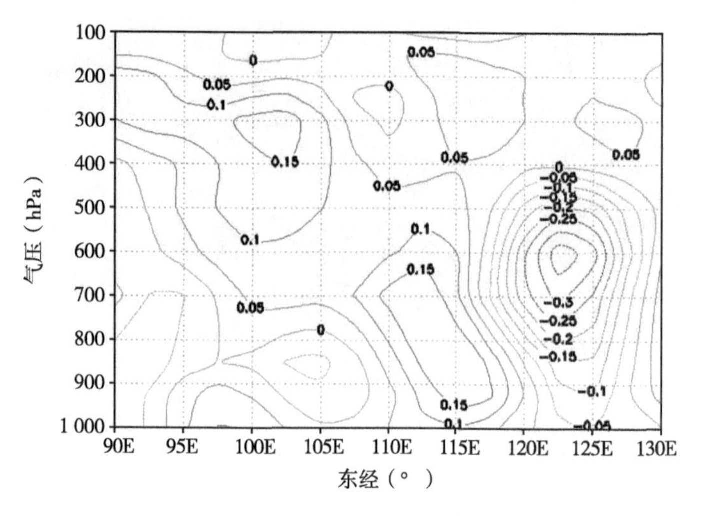

（a）200910708

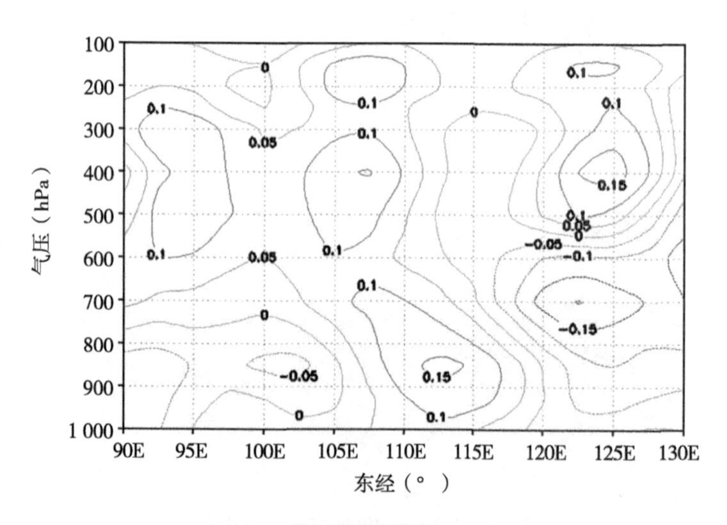

（b）2009010808

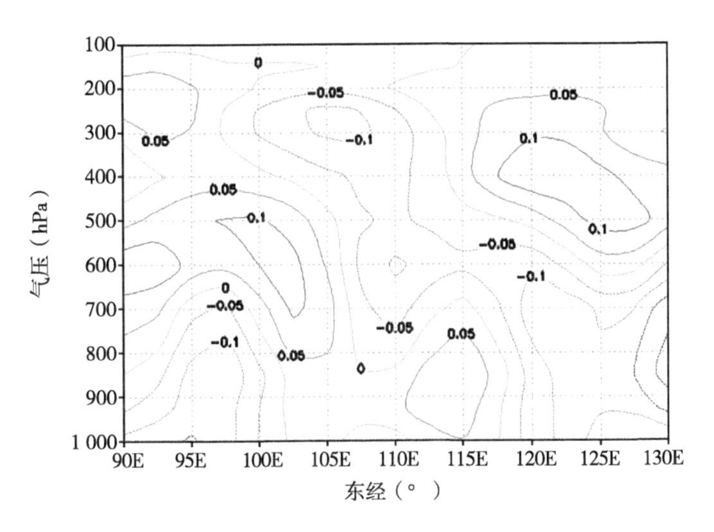

（c）2009010914

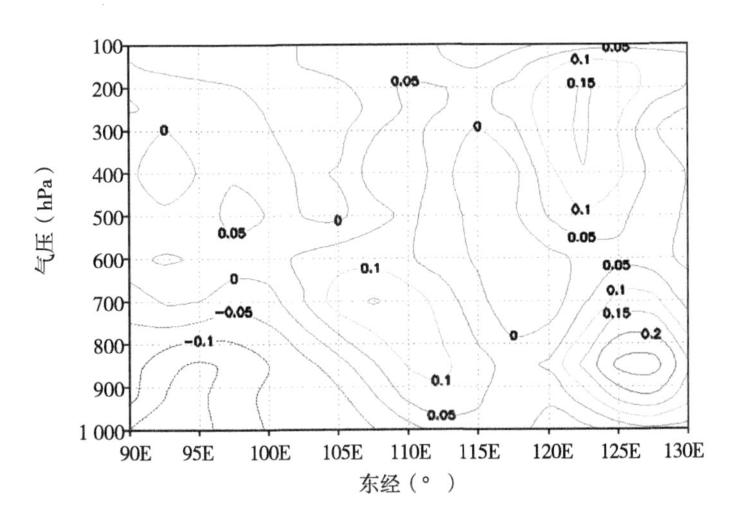

（d）2009011014

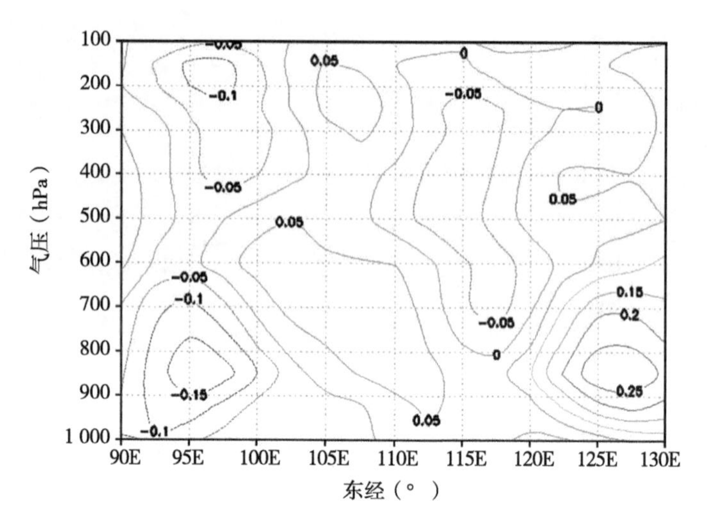

（e）2009011102

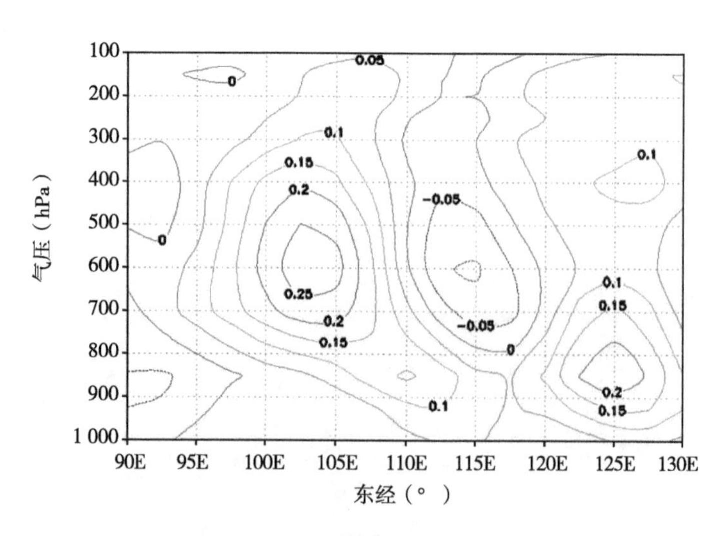

（f）2009011108

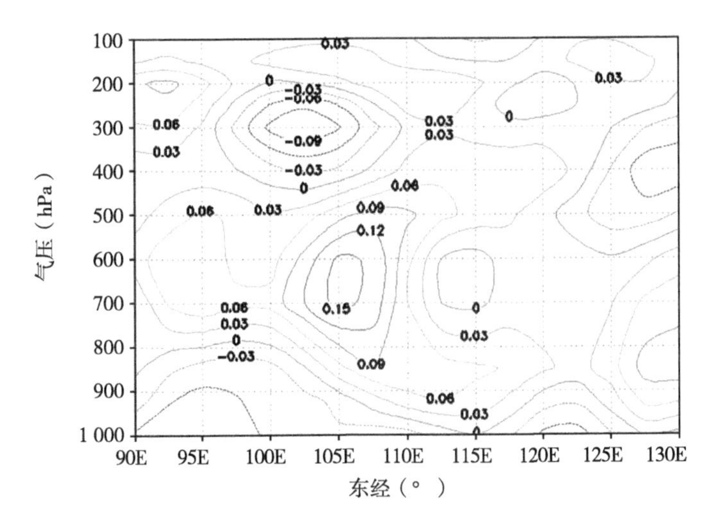

（g）2009011114

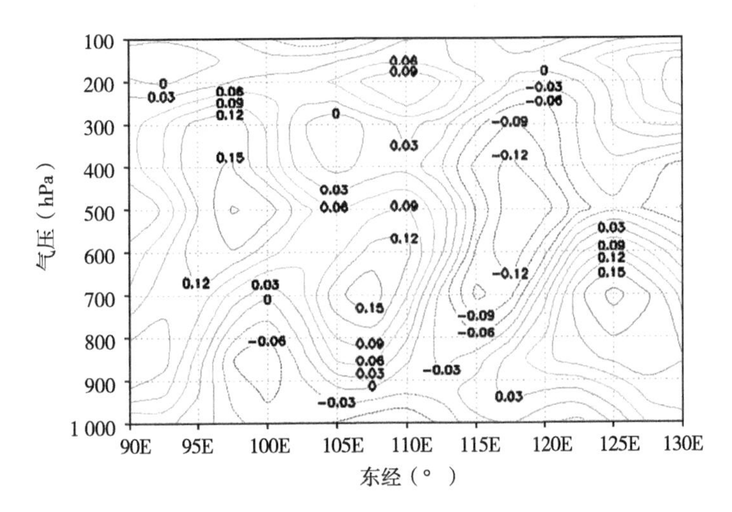

（h）2009011120

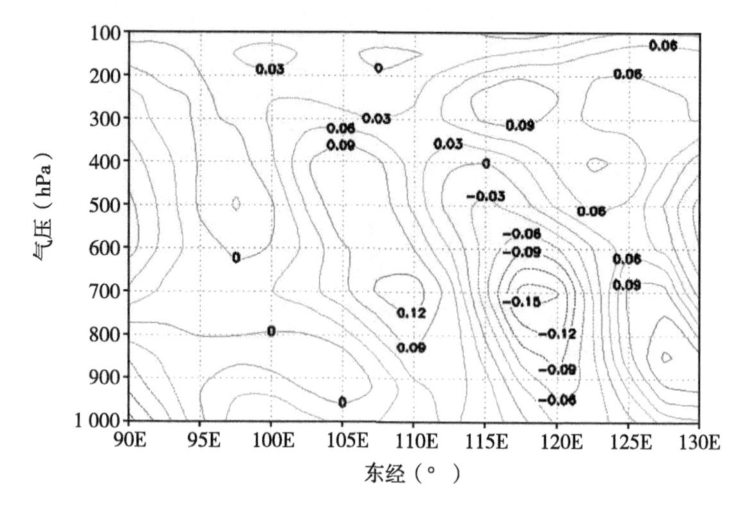

（i）2009011208

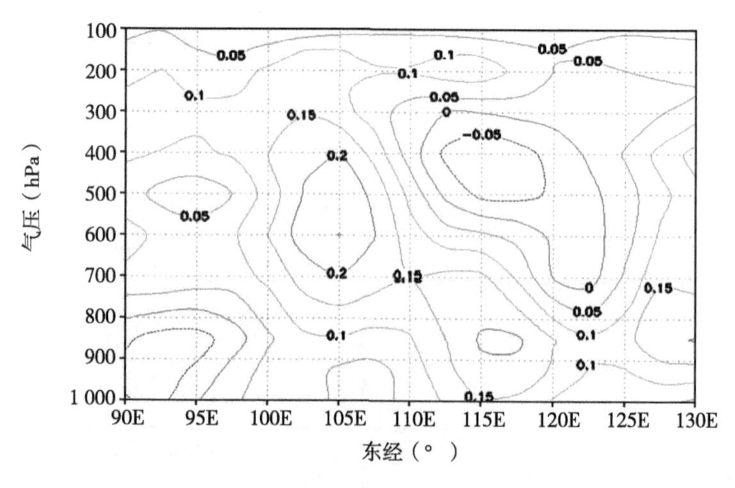

（j）2009011308

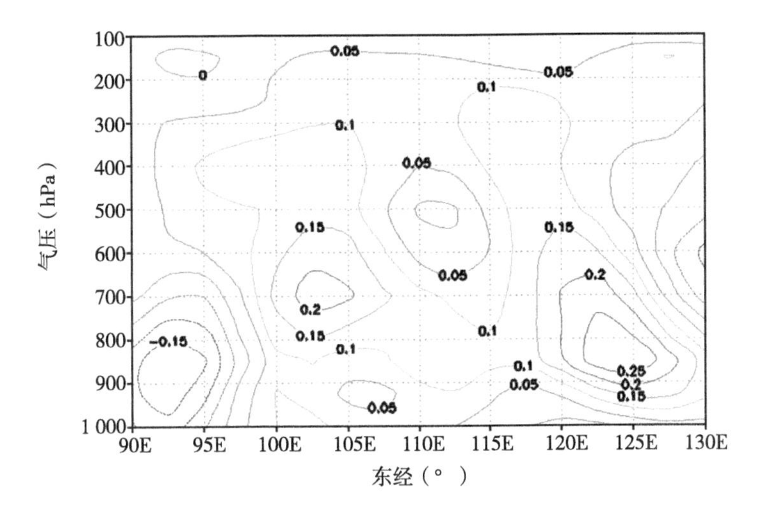

（k）2009011408

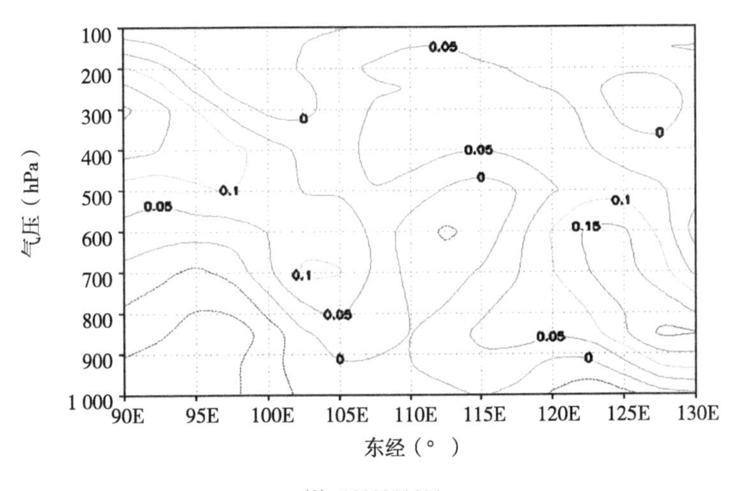

（l）2009011414

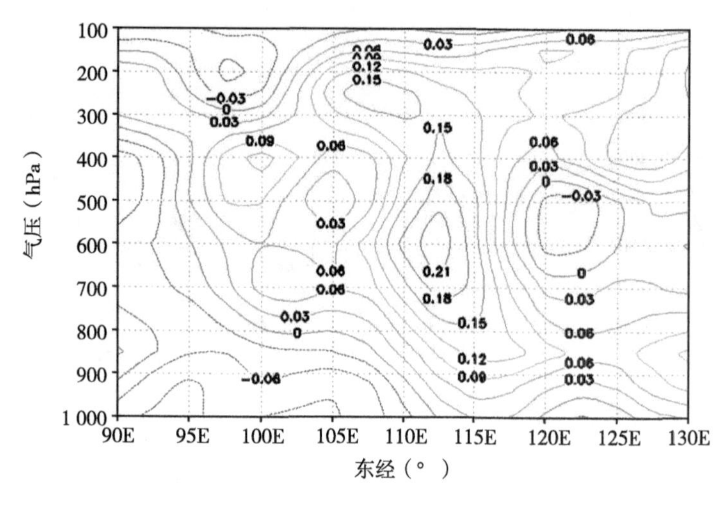

（m）2009011514

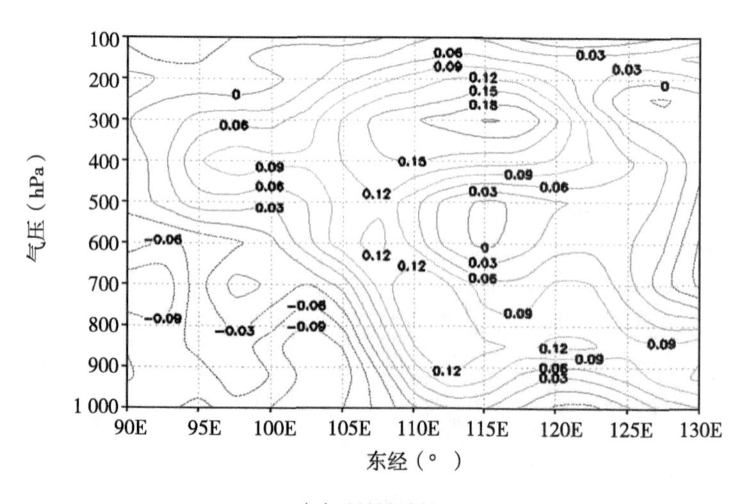

（n）2009011614

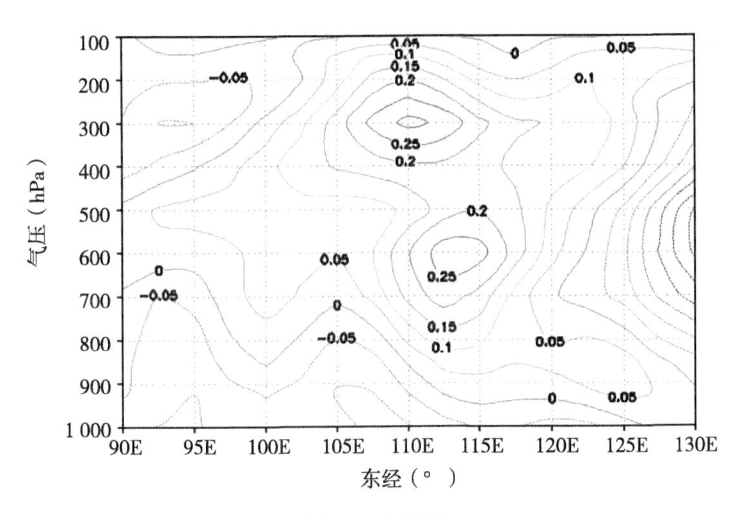

（o）2009011714

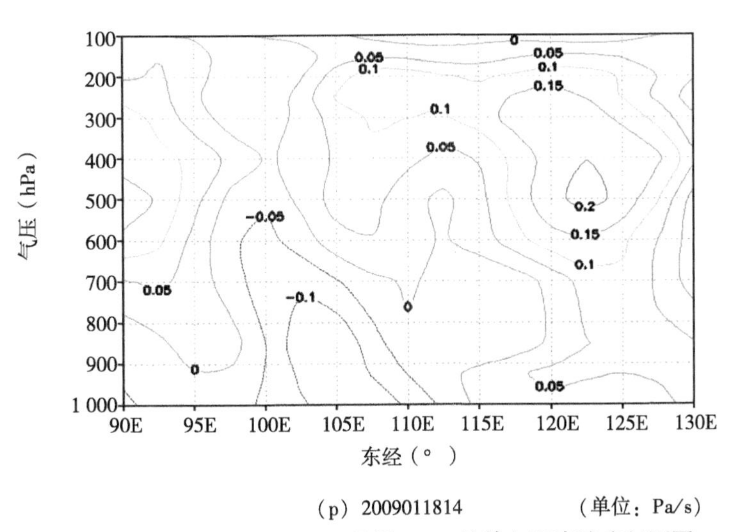

（p）2009011814　　　　（单位：Pa/s）

图 A-4　20090107—20090118 日沿 20°N 的纬向垂直速度剖面图

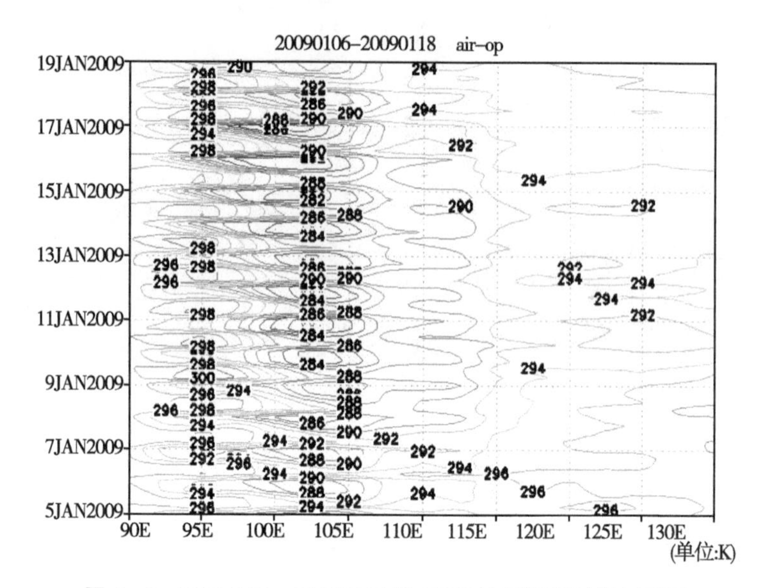

图 A-5 20090106—20090118 沿 20°N 地表温度时间剖面图

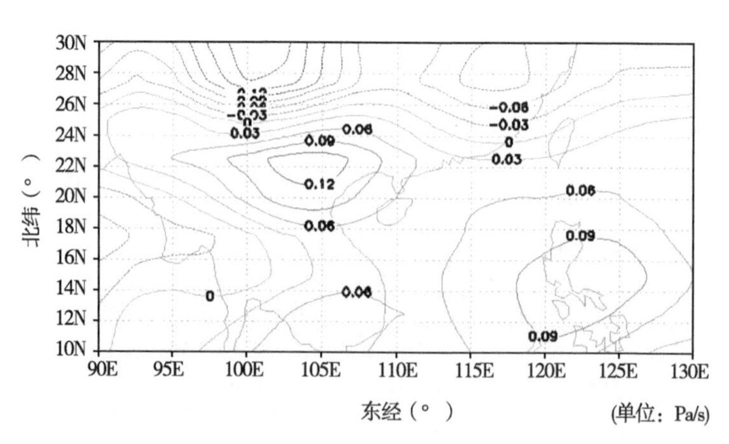

图 A-6 2010090208 近地面垂直速度水平分布图

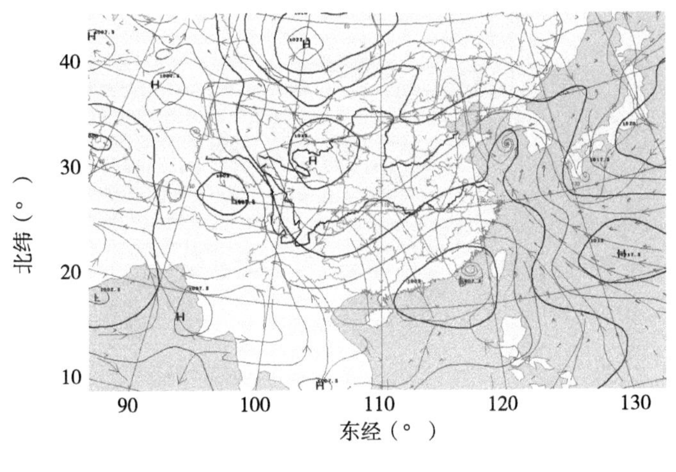

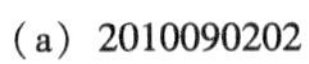
（a）2010090202

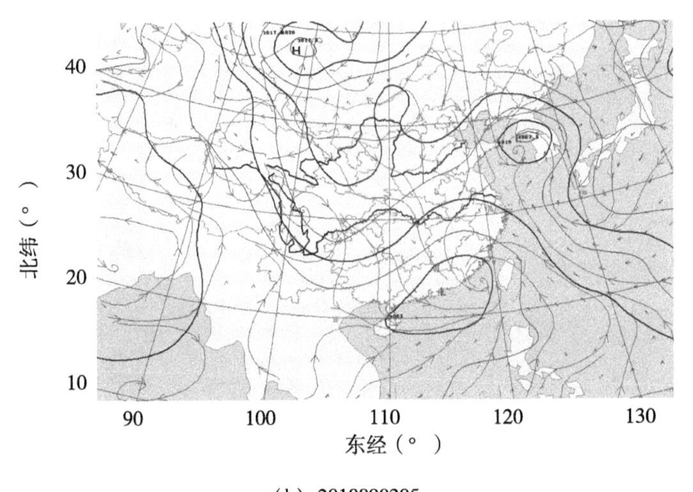

（b）2010090205

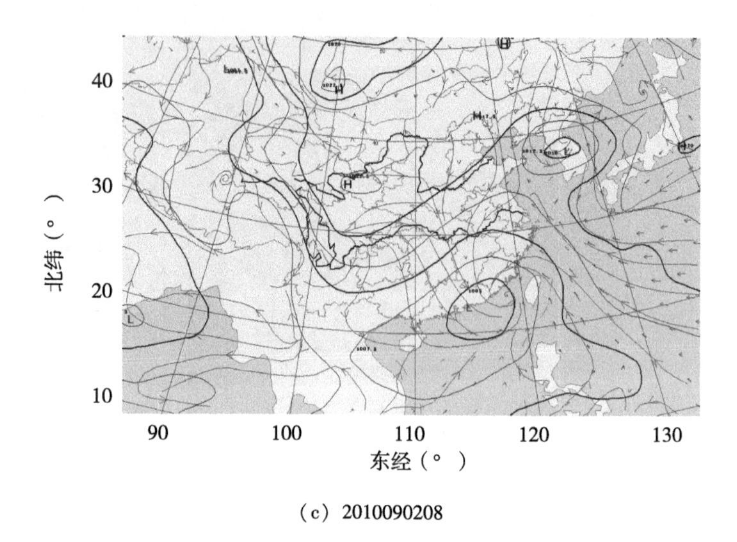

（c）2010090208

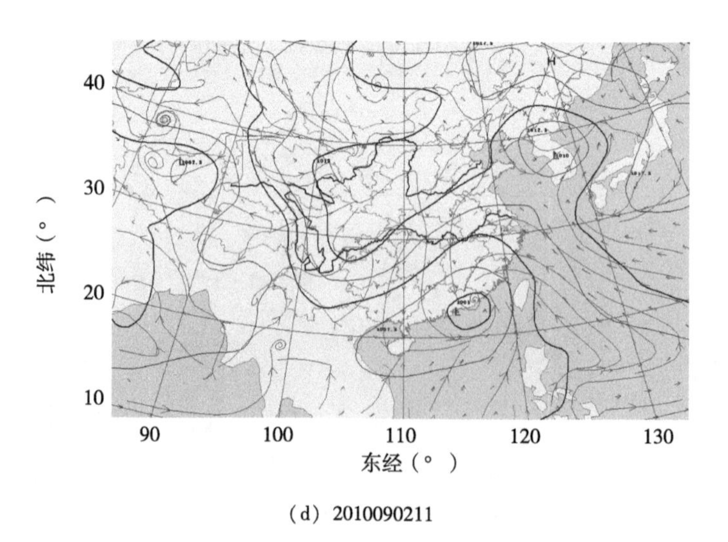

（d）2010090211

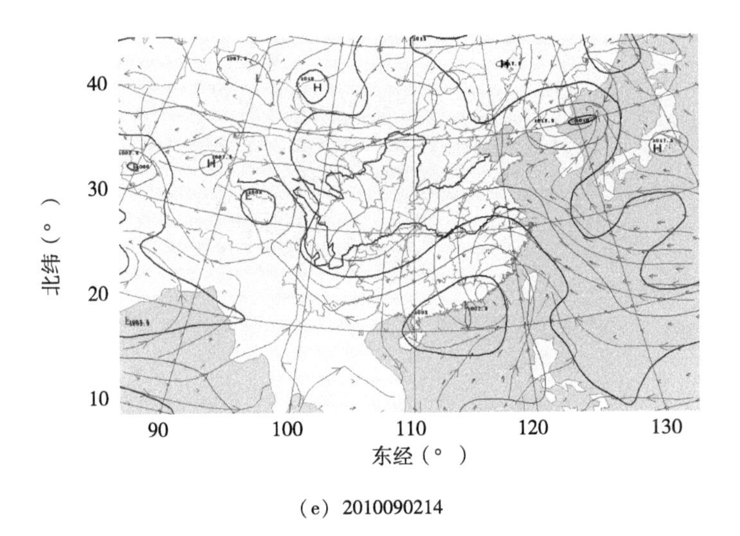

（e）2010090214

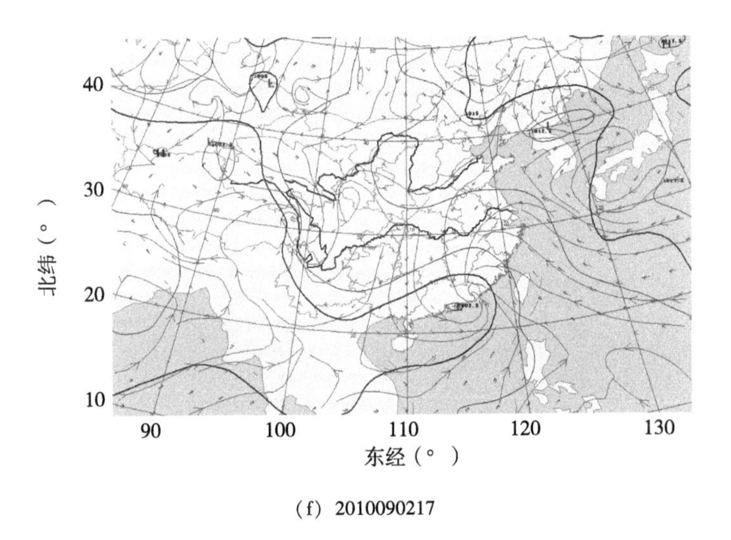

（f）2010090217

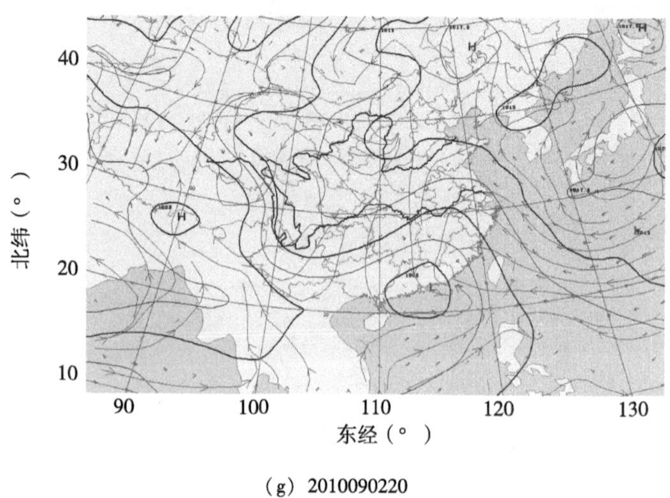

（g）2010090220

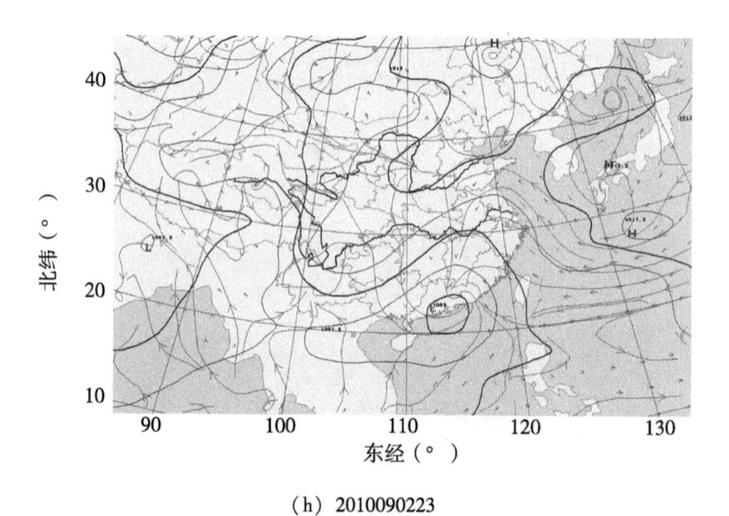

（h）2010090223

图 A-7　20100902 海平面气压流场图

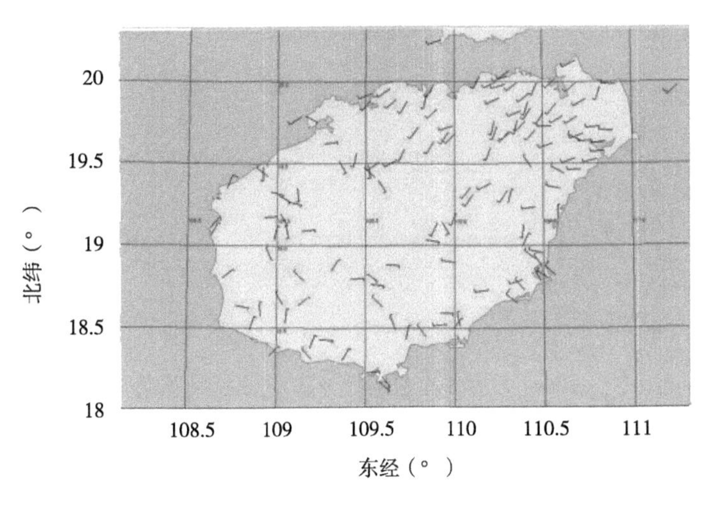

（a）2010090202

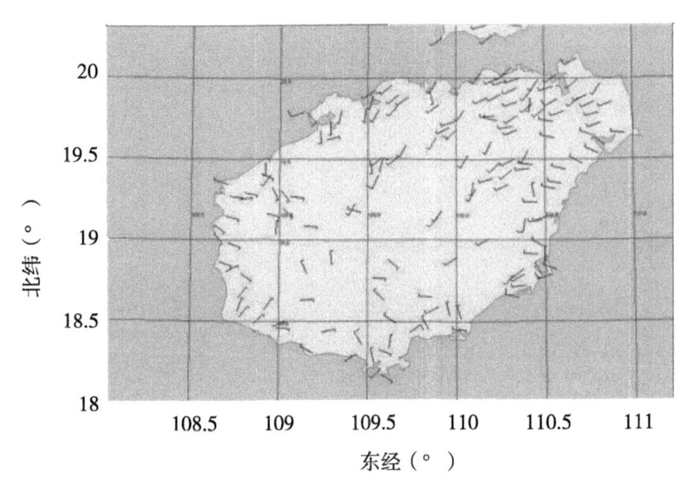

（b）2010090205

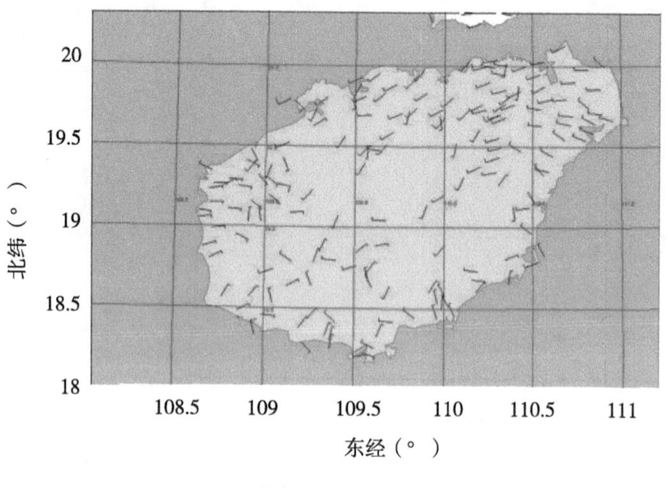

（c）2010090208

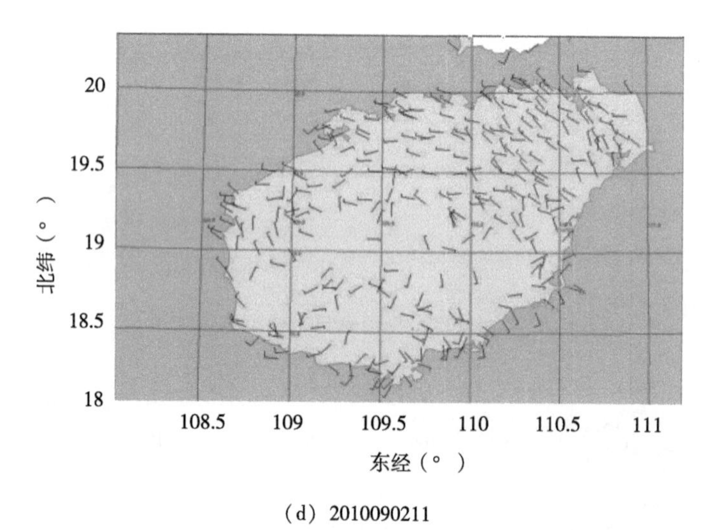

（d）2010090211

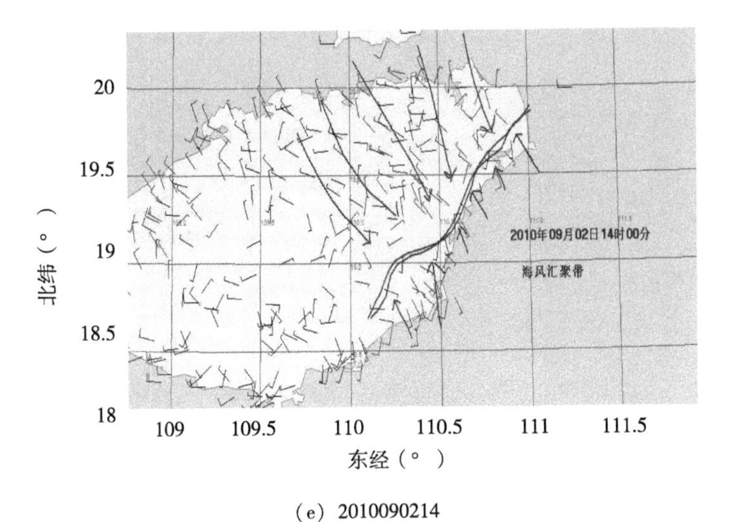

（e）2010090214

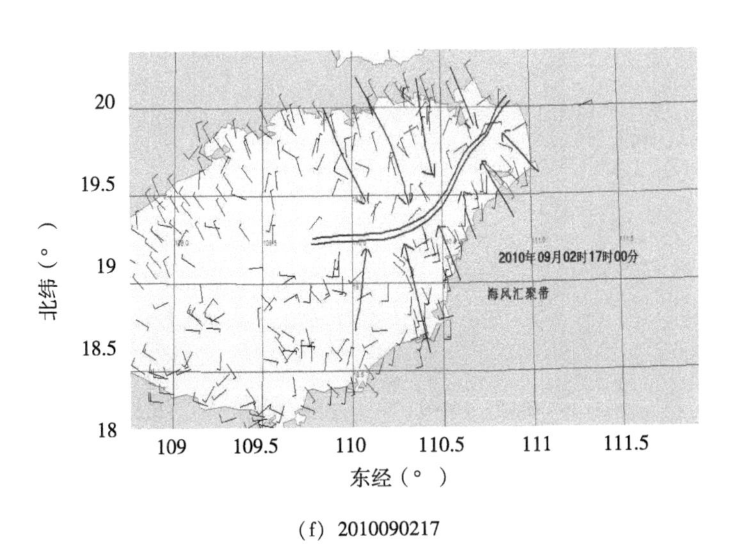

（f）2010090217

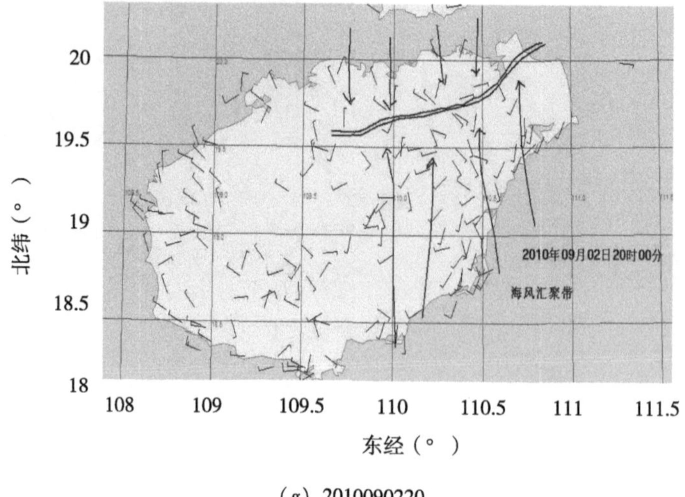

（g）2010090220

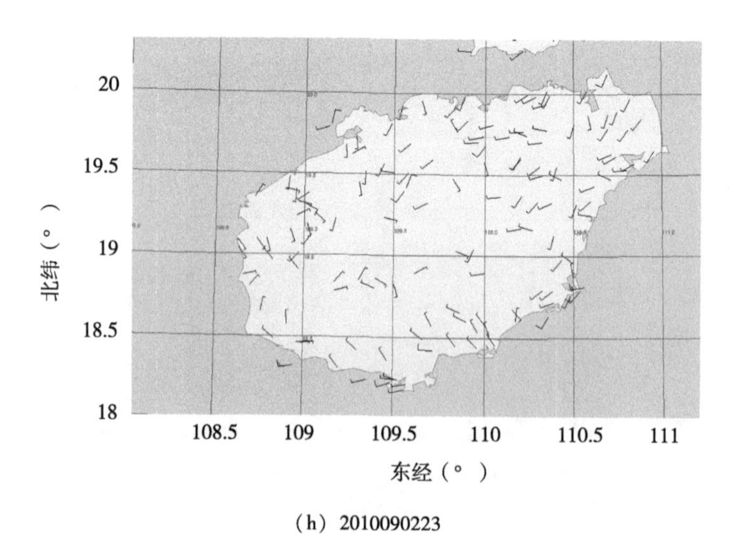

（h）2010090223

图 A-8　20100902 地面风场图